Schiffahrt im Bild

Gert Uwe Detlefsen

Schiffahrt im Bild

Linienfrachter (I)

Hauschild Bremen

Abbildung auf dem Frontispiz:

Cluny Castle

Nach dem Ende des Burenkrieges 1903 in Südafrika bestellte die britische Castle-Line sechs Dampfer, um sich für den erwarteten Anstieg der Auswanderer von Großbritannien und Europa nach Südafrika zu wappnen. Die hier abgebildete *Cluny Castle* wurde 1903 als vorletzte Einheit dieser Serie von Barclay, Circle & Co. in Glasgow abgeliefert. Das Bild wurde vor dem Ersten Weltkrieg in Hamburg abgelichtet. Die *Cluny Castle* (5152 BRT) wurde 1929 an die Natal Linie von Bullard, King & Co., London, verkauft, in *Umkuzi* umbenannt und 1939 verschrottet.

Verlag H. M. Hauschild GmbH, Bremen

Fotos: Die Fotos aus diesem Buch stammen, soweit sie nicht namentlich gekennzeichnet sind, aus der Sammlung des Autors. Es handelt sich vielfach um Werft- oder Werksaufnahmen; bei einigen konnte der Urheber nicht mehr ermittelt werden.

Allen Bildgebern sei herzlich gedankt, besonders Eilhart Buttkus, Ian Spashett von FotoFlite und Urbain Ureel.

Layout: Gernot Braatz, Bremen

Gesamtherstellung: H. M. Hauschild GmbH, Bremen

ISBN: 3-89757-032-7

Einführung

Die Schiffahrt ist in viele unterschiedliche Themenbereiche unterteilt, ihre Geschichte reicht bis zur Arche Noah zurück. Entsprechend vielfältig ist die Art, wie die Schiffahrt in Dokumentationen und der Literatur dargestellt wird. In meinem eigenen Verlag habe ich verschiedene Chroniken ausnahmslos über deutsche Reedereien und Werften sowie andere Bereiche veröffentlicht. Sie gehen bis auf eine Ausnahme alle sehr tief ins Detail und sprechen daher auch nur einen kleinen Kreis von Interessierten aus der Berufsschiffahrt sowie die Freunde an, die Schiffahrt als ihr Hobby pflegen.

Mit diesem Auftakt-Band will ich alte und neue Linienfrachter im Bild darstellen; ohne daß nun jedes Entwicklungsdetail seit Erfindung der Dampfmaschine nachvollzogen wird. In weiteren Bänden stelle ich andere Schiffstypen vor. Ziel dieser Reihe ist es, den Strukturwandel in der Schiffahrt im allgemeinen und bei den Schiffstypen im einzelnen in Bildern darzustellen.

Da die deutsche Schiffahrt international nur einer von vielen Partnern ist, finden hier viele ausländische Schiffe Erwähnung, schließlich werden die deutschen Häfen von mehr ausländischen als deutschen Schiffen angelaufen. Ich habe bei der Auswahl ausländischer Schiffe solche vorgezogen, die auch nach Deutschland kamen oder kommen bzw. auf hiesigen Werften gebaut wurden.

Im großen und ganzen werden die Schiffe chronologisch dargestellt, in einigen Fällen bin ich davon aus Gründen komplexer Darstellung bestimmter Themen abgewichen.

Das Quellenverzeichnis im Anhang ist vor allem als Hinweis auf vertiefende Literatur bzw. Dokumentationen gedacht, wobei sich natürlich nicht mehr alle Titel im Handel befinden.

Ohne die wiederum freundliche Hilfe meiner Fotografenfreunde konnte auch dieses Buch nicht entstehen. Sie sind unter ihren jeweilen Fotos namentlich genannt, nicht gekennzeichnete Fotos stammen aus meiner Sammlung bzw. von mir selbst. Namentlich hervorheben möchte ich Urbain Ureel, Seelotse aus Belgien, der mir viele seiner schönen Fotos zur Verfügung stellte sowie Ian Spashett von FotoFlite. Es war in einzelnen Fällen nicht möglich, den Bildurheber zu ermitteln. Er möge sich ggfs. direkt mit mir in Verbindung setzen.

Ich hoffe auf große Resonanz dieser Reihe und bin für Hinweise jederzeit dankbar.

Bad Segeberg, im September 1999 — *Gert Uwe Detlefsen*

Bremen

Ein Reeder ist ein Unternehmer, der mit (eigenen) Schiffen eine Dienstleistung im Transportgewerbe erbringt und dafür eine frei aushandelbare finanzielle Gegenleistung, die Frachtrate, bekommt. Der Transport kann auf einer vom Ablader zu bestimmenden Route, also beispielsweise von Hamburg nach New York, oder mit einem von der Reederei angebotenen Liniendienst erfolgen. Das Reedereigewerbe gehört auf jeden Fall zu den klassischen Dienstleistern. Das war nicht immer so. In den Zeiten der Segelschifffahrt, also bis in die erste Hälfte des vorigen Jahrhunderts, gehörten Schiffe gewissermaßen zum Fuhrpark eines Handelsunternehmens, zumindest wenn es denn im Im- und Export über See aktiv war. Der Im- und Export ergab sich dabei automatisch. Schickte z. B. ein deutsches Unternehmen eine Bark mit Eisen- und sonstigen hiesigen Produkten nach Mittelamerika, so lag es nahe, das Schiff mit Erzeugnissen des Ziellandes wieder in die Heimat zu befrachten. Auf diese Weise kam z. B. der Rum nach Flensburg. Der Kapitän eines solches Segelschiffes war zugleich Ver- und Einkäufer. In der Regel oblag es seinem Verhandlungsgeschick, die von ihm mitgebrachten Waren einträglich zu verkaufen, ebenso seinem Verstand, geeignete Rohprodukte einzukaufen und nach Hause zu befördern, wo sie sich gut absetzen lassen mußten. Daher charakterisierte die „Encyclopaedia Britannica" noch 1830 die Handelsschiffahrt so: „a privat venture on the part of a merchant trader or shipmaster". Die Seereise wurde als Teil eines Handelsgeschäftes betrachtet, das durch einen Kapitän oder einen Kaufmann bezeichnet wurde und wobei es kein Widerspruch war, wenn beide in einer Person vereinigt waren.
Das Berufsbild eines „Schiffsbetreibers" änderte sich mit dem Siegeszug des Dampfschiffes. Der Engländer James Watt hat zweifellos erheblich zum praktischen Erfolg der Dampfmaschine beigetragen. Er baute 1784 die erste leistungsfähige Maschine, die Robert Fulton dann später in weiterentwickelter Form für seine *Clermont* verwendete, das erste Dampfschiff mit kommerziellem Erfolg. Dem englischen Dampfschiff *Lady of the Lake* kommt der Ruhm zu, 1816 das erste Dampfschiff gewesen zu sein, das Hamburg anlief.
1824 eröffneten englische Dampfer einen Liniendienst zwischen Hamburg und London. Schnell eroberte der Dampfer die Weltmeere. 1825 begann die Handelsschiffahrt unter Dampf nach Südamerika, ebenfalls 1825 absolvierte der englische Dampfer *Enterprise* die 115tägige Reise von Falmouth nach Kalkutta, in der Türkei sah man 1825 den ersten Dampfer, und 1830 lernte China mit dem Dampfer *Forbes* einen Vertreter der Neuzeit kennen. Den raschesten Fortschritt machte die Dampfschiffahrt freilich in Großbritannien und Nordamerika, wo es 1839 schon 824 bzw. 700 Dampfer gab. Bis 1850 wuchs deren Zahl in Großbritannien auf 1390, davon dienten 1200 Schiffe Handelszwecken. 1833 sah man die erste Nord-Atlantikquerung, und fünf Jahre später lieferten sich die beiden englischen Dampfer *Great Western* und *Sirius* eine der berühmtesten Wettfahrten der jüngeren Schiffahrtsgeschichte. Beide steuerten New York an, die *Sirius* von Cork, die *Great Western* von Bristol aus.

Dampfschiffe führten zur Gründung vieler Reedereien und damit zu einem neuen Dienstleistungszweig in der Schiffahrt. Dampfer wurden in der Anfangsphase nahezu ausschließlich im Linienverkehr eingesetzt, sei es lokal, regional oder weltweit. Dampfer ließen erstmals verläßlichere Kalkulation von Reisedauern und damit festen Abfahrts- und Ankunftsdaten zu. Zudem reduzierten selbst langsame Dampfer die Transitzeiten erheblich. Der Welthandel profitierte von der Erfindung der Dampfmaschine, die den Verkehr an Land durch Dampflokomotiven ebenfalls revolutionierte.
Die oben abgebildete *Bremen* – als Foto des im Deutschen Schiffahrtsmuseum zu Bremerhaven befindlichen Modells – ist das Typschiff eines Quartetts, mit dem der Bremer Norddeutsche Lloyd 1863 den Liniendienst über den Nordatlantik aufnahm. Wie alle Dampfer jener Zeit entstand auch die mit 2674 BRT vermessene *Bremen* in Großbritannien, nämlich bei Caird & Co. in Greenock. Das 101,46 m über alles lange Schiff trug 2756 Tonnen und verfügte über Einrichtungen für 60 Passagiere in der ersten, 110 in der zweiten Klasse und für 400 im Zwischendeck. Die *Bremen*, die eher wie ein Segler als ein Dampfer aussah, machte mehr durch Havarien als wirtschaftlichen Erfolg von sich reden. Der Lloyd verkaufte den Dampfer im Juni 1874 nach Liverpool, wo ihn die neuen Eigner zum Vollschiff umbauten. Acht Jahre später ging der Segler vor der kalifornischen Küste durch Strandung verloren. *Foto: Deutsches Schiffahrtsmuseum, Bremerhaven*

Enos

Die Deutsche Levante Linie entstand am 6. September 1889 in Bremen. Weil die Deutsche Bank im Jahr zuvor die Lizenz zum Bau der sogenannten „Anatolischen Bahn" erhalten hatte, war eine Linienverbindung von Bremen in die Türkei erforderlich geworden. Als der Dampfer *Enos* im Mai 1905 für die ALL in Fahrt kam, war der Bahnbau allerdings längst abgewickelt, und die Linie hatte sich etabliert. Wie bis in die Zeit nach der Jahrhundertwende üblich, besaß der 88,66 m lange und mit 1911 BRT/3335 tdw große Dampfer zur Unterstützung der Dampfmaschinen bei entsprechenden Winden und zur Verbesserung der Stabilität eine Schonertakelung. Portugal beschlagnahmte den Dampfer am 23. Februar 1916, am Ende des gleichen Jahres versenkte ihn das deutsche Unterseeboot UC 18 in der Biskaya.

Nerissa

Für die Linienfahrt nach England ließ die 1866 in Hamburg gegründete Reederei A. Kirsten 1879 drei Schiffe bauen, denen 1881 mit der *Nerissa* ein größerer Nachbau mit 1020 Ladetonnen folgte. Der 61 m lange Dampfer war komplett aus Eisen gebaut, dem damals üblichen Schiffbaumaterial. Aber er verfügte über eine technische Neuerung, die in der damaligen Zeit eine kleine Sensation darstellte, die *Nerissa* besaß vier elektrische Bordkräne von jeweils 1,5 Tonnen Hebekraft. Mit der Bauwerft, der Flensburger Schiffsbau-Gesellschaft, muß die Reederei A. Kirsten sehr zufrieden gewesen sein, sie bestellte bis 1914 noch acht weitere Dampfer. Die *Nerissa* wurde am 8. Oktober 1941 als italienische *Paola Z. Podesta* südwestlich Sizilien von alliierten Flugzeugen versenkt.

Scharlachberger

Die Bremer Deutsche Dampfschifffahrts-Gesellschaft „Hansa" bereederte von 1881 bis zu ihrem Konkurs 1977 fast 350 Schiffe, ihre nach dem Ersten Weltkrieg entstandene „Fels"-Schwergutflotte war legendär. Für ihre „Asiatische Linie" ließ sich diese Reederei 1890 sechs Brigantinen-getakelte Segeldampfer bauen, die alle an ihrem markanten Klippersteven gut zu erkennen waren. Abgebildet ist die 2902 BRT große *Scharlachberger*, die 1905 nach Kiel verkauft wurde und 1907 vor Japan nach einem Feuer verloren ging.

Thorvaldsen

Der 1871 von Burmeister & Wain gebaute 1330 BRT-Schraubendampfer *Thorvaldsen* entstand für die Dampskibsselskab Danmark. Das Bild zeigt den Dreimaster an der Langelinie in Kopenhagen beim Laden von Sackgut. In vielen Häfen, insbesondere kleineren Provinzplätzen, gab es bis weit in unser Jahrhundert keine landeigenen Kräne, so daß das schiffseigene Ladegeschirr von enormer Bedeutung war.

Bürgermeister

Kombinierte Fracht- und Passagierschiffe kamen vor allem auf solchen Linien zum Einsatz, auf denen der Einsatz reiner Passagierschiffe nicht wirtschaftlich war. Dies war z. B. auf den Linien der Deutschen Afrika Linien nach West- und Ostafrika der Fall, wo die deutschen Kolonien durchaus einen lebhaften, aber zahlenmäßig nicht sehr großen Passagierverkehr kreierten. Die meisten, zwischen 1900 und 1914 für die Deutsche Ostafrika-Linie (DOAL) gebauten Postdampfer (so benannt, weil sie nicht nur die offizielle Post beförderten, sondern auch einen Reichszuschuß dafür bekamen) erhielten Namen nach Titeln, so wie die am 18. Juni 1902 von der Flensburger Schiffsbau-Gesellschaft fertiggestellte *Bürgermeister*, die in drei Klassen 270 Passagiere befördern konnte und sehr geschmackvoll eingerichtet war. Das Foto des Treppenhauses vermittelt einen kleinen Eindruck davon. Die *Bürgermeister* wurde 1919 an Frankreich ausgeliefert und 1935 als *Macoris* abgebrochen.

Irma Woermann

Im Linienverkehr nach Westafrika setzte die Hamburger Woermann-Linie vor allem Frachtdampfer ein, wie etwa die 1901 von Blohm & Voß gebaute *Irma Woermann* mit 2304 BRT/3600 Ladetonnen und Einrichtungen für 12 Passagiere in der ersten Klasse. Die umfangreiche Ausstattung mit sechs Beibooten war erforderlich, da die „Hafenplätze" in Westafrika bis in die Zeit nach dem Zweiten Weltkrieg vornehmlich aus offenen Reedeplätzen bestanden. Die Boote waren für den Verkehr mit dem Land und z. B. zum Heranschleppen von Logs-Flößen erforderlich. Als Logs bezeichnet man schwere Edelholz-Baumstämme. Dampfer *Irma Woermann* wurde im August 1914 in Teneriffa interniert und 1919 an Frankreich abgeliefert. Von 1921 bis 1935 fuhr er als *Lieutenant Fornaud* für die Compagnie de Nav. Miste in Marseilles und wurde dann abgebrochen. *Foto: Arnold Kludas*

Mirandella

Der Bremer Vulkan baute 1906 den 5926 BRT großen und gut 8000 Tonnen tragenden Frachtdampfer *Khalif* für die Aktiengesellschaft Deutsche Ostafrika-Linie & Carl Woermann. Bei Kriegsausbruch 1914 lag der 124,80 m über alles lange und 16,08 m breite Dampfer in Mozambique in Ostafrika, wo ihn Portugal 1916 beschlagnahmte. Zunächst gehörte er als *Fernao Veloso* dem portugiesischen Staat, ab 1925 als *Mirandella* der Soc. Genéral de Comercico Industria e Transportes Ltda. in Lissabon. Diese beschäftigte ihn ziemlich genau 30 Jahre in der Linien- und gelegentlich in der Trampfahrt. Als diese Aufnahme von Urbain Ureel Anfang der fünfziger Jahre in der Schleuse von Ostende entstand, war das Ende nahe. 1955 ging der Dampfer, der sein Aussehen in seiner 49jährigen Fahrtzeit nur unwesentlich änderte, zum Abbruch nach La Spezia. Die Bullaugen über dem Namenszug sind typisch für große Frachter jener Baujahre: Hier wohnte die Mannschaft „vor dem Mast".

Henner

Gut beladen mit Logs ist auch die *Henner,* die auf diesem Bild weseraufwärts ihren Heimathafen Bremen anläuft. Neben dem achteren Mast sind gut eine starke Barkasse sowie auf der Poop drei Brandungsboote zu erkennen, die beim Umschlag auf Reedehäfen zum Einsatz kamen. Der 3367 BRT/5250 tdw-Dampfer entstand 1912 als *Wigbert* auf der Frerichswerft in Einswarden/Weser für die Hamburg Bremer Afrika-Linie AG, eine Konkurrenzgründung zur Woermann-Linie. Der Dampfer überstand den Krieg, wurde 1921 in *Walburg* und 1922 in *Henner* umbenannt. 1924 übernahm der Norddeutsche Lloyd Schiff und Reederei. Als russische *Okhotsk* fuhr der Dampfer von 1932 bis zum Ende der fünfziger Jahre. Als Antrieb besaß der Dampfer eine von der Bauwerft gefertigte Dreifach-Expansionsmaschine mit 1900 PSi Leistung. Die Besatzung bestand aus 35 Mann.

Lothringen
Die AG „Weser" in Bremen baute 1906 den für damalige Verhältnisse großen Frachtdampfer *Lothringen* für den Norddeutschen Lloyd. Dieser setzte das 125 m lange 5008 BRT-Schiff vornehmlich im Ostasien-Dienst ein. So eine Rundreise – mit Zwischenstationen zum Bunkern und Aufnehmen von Frischproviant – konnte bis zu vier Monate dauern. Das Foto zeigt den 7300 Tonnen tragenden Dampfer kurz vor dem Stapellauf am 17. Februar 1906. Die *Lothringen* wurde 1914 in Melbourne von Großbritannien beschlagnahmt, überstand aber beide Weltkriege und wurde erst 1951 in Barrow abgebrochen.

Helene Russ

1893 machte sich der gebürtige Flensburger Ernst Russ als Schiffsmakler in Hamburg selbständig, 1899 gliederte er seinem Unternehmen auch eine Reederei an. Nachdem die von ihm in Hamburg vertretene Finska Ångfartygs AB ihre regelmäßigen Fahrten von Hamburg nach Finnland aufgab, füllte Russ mit der Hamburg-Finnland-Linie die entstandene Lücke. Zum Einsatz kamen kleinere, eisverstärkte Dampfer wie die *Helene Russ,* ein am ersten Tag des Dezembers 1909 von den Stettiner Oderwerken abgeliefertes 993 BRT-Schiff. Der Vier-Luken-Frachter eignete sich für Stückgut und Holz gleichermaßen und lief mit einer 650 PSi-Maschine neun Knoten, das erachtete man damals in der kurzen Fahrt als ausreichend. Am 5. Dezember 1944 erlitt das Schiff vor der norwegischen Küste einen Fliegerbombentreffer, wurde in Flensburg repariert und erhielt dabei ein neues, braun angestrichenes Brückenhaus. Das obere Bild zeigt das Schiff mit der von 1945–1951 üblichen, sogenannten Kontrollratsnummer hinter dem Schiffsnamen in Flensburg.

Als die *Helene Russ (1)* am 7. Februar 1958 nach fast fünfzig Jahren Fahrtzeit für seine Reederei beim Abbruchbetrieb Walter Ritscher in Hamburg festmachte, befand sich schon eine neue Generation moderner Motorschiffe für Russ auf Finnland-Kurs. Die neue *Helene Russ (2),* Abb. Seite 19 (1427 BRT), gehörte zu einem Frachtschiffstyp mit Zwischendeck und großem Rauminhalt, der 1953 mit der *Gisela Russ* erstmals von der Rendsburger Werft Nobiskrug für Ernst Russ gebaut worden war. Die *Helene Russ (2)* war 1961 das achte und letzte Schiff dieser Bauart für Russ aus Rendsburg. Innerhalb dieser Klasse waren die Hauptabmessungen und wirtschaftlichen Parameter annähernd gleich geblieben, es gab von Schiff zu Schiff aufgrund der Weiterentwicklung immer wieder kleinere Verbesserungen. Als diese Schiffsklasse um 1970 von neuen Schiffen abgelöst wurde, kauften andere Linienreedereien in Mittel-amerika und Fernost diese Schiffe. Die *Helene Russ (2)* sollte 1987 sogar in eine Bark für Passagiere umgebaut werden, die Pläne zerschlugen sich jedoch, und 1989 verschrotteten Abbrecher in Bilbao das nach einer Havarie inzwischen heruntergekommene Schiff.

HELENE RUSS

Gullfoss

Den Dampfer *Gullfoss* (1414 BRT) lieferte die Kjöbenhavns Flydedok & Staalskibsværft 1914 in besonders starker Ausführung, wollte ihn seine Reederei, die H/f Eimbskipafelag Islands, doch von Reykjavik im Linienverkehr nach Dänemark, Deutschland, den Niederlanden und Großbritannien einsetzen. Dabei mußte der Dampfer in dem für die isländische Dampfschiffsreederei typischen Anstrich, schwarzer Rumpf, dunkelbraune Aufbauten und silberner Schornstein mit blauem Band, jedesmal die rauhe Nordsee und den nördlichen Nordatlantik queren. 1947 kaufte L. Niclasen aus Thorshavn auf den Faröer-Inseln den Dampfer und nannte ihn *Tjaldur*. Aufgrund seiner dann schon 39 Fahrensjahre erhielt das Schiff den erweiterten Namen *Gamla Tjaldur*. Noch 1953 erfolgte in Hamburg der Abbruch.

Georgia

Für den Liniendienst im Rahmen der Deutschen Levante Linie AG ins östliche Mittelmeer ließ die HAPAG, seit 1920 Eigner der DLL, von der Schiffs- und Dockbauwerft Flender AG in Lübeck den 2697 BRT-Dampfer *Georgia* bauen, der hier in Savona liegt. Savona ist einer der typischen Mittelmeerhäfen, die zwar Kaianlagen mitten in der Stadt besitzen, aber kaum oder keine Infrastruktur wie Kräne etc. Dampfer *Georgia* trug 5670 Tonnen und hatte bescheidene Einrichtungen für fünf Passagiere. Er ging 1942 als *Joao Pessao* der Hamburg-Süd vor San Sebastian verloren.

Malaga

In den zwanziger Jahren fuhren die DLL-Dampfer und die der Hamburger Reederei Rob. M. Sloman jr., deren Ursprünge in das Jahr 1793 zurückgehen, z. T. in Fahrplangemeinschaft. Während das Hauptzielgebiet der ALL das östliche Mittelmeer war, war und ist es für Sloman mehr der westliche Teil. F. Schichau in Elbing lieferte der Hamburger Reederei Rob. M. Sloman jr. 1922 den mit 1440 BRT vermessenen Dampfer *Malaga*, der hier in Hamburg auf Ladung wartet. Zum Schutz gegen die pralle mediterrane Sonne wurden Sonnenpersenninge gelegt, deren Stützgerüste auf diesem Bild gut zu sehen sind. 1935 kaufte die sowjetische Sowtorgflot den 77,27 m langen Dampfer, der als *Kijuch* noch rund 30 Jahre in Vladivostok bzw. Korsakow beheimatet war.

Wiegand
Die Roland-Linie AG war 1905 mit 40prozentiger Beteiligung des Norddeutschen Lloyds gegründet worden und fuhr im Wettbewerb zur DDG „Kosmos" zur amerikanischen Westküste. Mit Wirkung zum 1. Januar 1926 fusionierte die Roland-Linie mit dem NDL. Im März 1922 lieferte die Fried. Krupp AG Germaniawerft in Kiel den 5869 BRT-Frachtdampfer *Wiegand* traditioneller Bauart an die Roland-Linie ab. Am 11. Mai 1937 strandete das Schiff auf dem Elbow-Reef südlich von Miami. Daraufhin brachte sich der Kapitän um, das Schiff konnte jedoch relativ unbeschädigt abgeborgen werden und war noch bis 1968 in Fahrt, seit 1946 unter sowjetischer Flagge. Die Detailaufnahme zeigt die Schraube und das Ruder.

Friesland

Als letzte Einheit von sieben „Länder"-Schiffen für den Ostasiendienst lieferte Blohm & Voß in Hamburg am 10. Oktober 1925 die *Friesland* (6252 BRT / 10 450 tdw) an die HAPAG ab. Die Schiffe wichen in den Abmessungen und der Vermessung geringfügig voneinander ab. Die *Saarland* war ein Turbinenschiff, die anderen sechs waren Motorschiffe. Da es damals noch keine leistungsfähigen Großdiesel gab, kamen bei Schiffen dieser Größenordnung zwei oder mehr Motoren zum Einbau, die entweder über zwei Schrauben wirkten oder wie die *Friesland* eine Schraube besaßen. Ihre beiden Viertakt-Gleichdruckmotoren mit zusammen 3300 PSe vereinten ihre Kraft über ein Rädergetriebe. Das 12 Knoten schnelle Schiff bewährte sich; es wurde am 1. April 1941 nördlich von Paita von der eigenen Besatzung selbstversenkt. Sie verhinderte damit eine drohende Beschlagnahme durch die Alliierten.

Gera

Auch die *Gera* ist ein Produkt von Blohm & Voß in Hamburg von 1923. Sie ähnelt der *Friesland,* war mit 5155 BRT/8110 tdw aber kleiner. Angetrieben wurde die *Gera* mit einem Satz Getriebeturbinen mit 2700 PSw Leistung. Auftraggeber war die Deutsch-Australische Dampfschiffsgesellschaft, die Liniendienste nach Australien und in den Pazifik betrieb. Die DADG ging nach dem Ersten Weltkrieg eine enge Zusammenarbeit mit der DDG „Kosmos" ein, die Liniendienste zur südamerikanischen Westküste betrieb. Im November 1926 fusionierten beide Reedereien – die inzwischen mit zusammen 61 Schiffen und 355 000 BRT Gesamttonnage fast an die Größe der HAPAG heranreichten – mit eben der HAPAG. Die Schiffsnamen blieben erhalten, und die HAPAG „stülpte" die schwarz-weiß-roten Schornsteinringe der DADG über ihren gelben Schornstein. Das Foto zeigt die *Gera* an der Pier von Soengei Gerong in der Nähe von Palembang auf Sumatra. Zwar versenkte die Besatzung ihr Schiff am 4. April 1941 in Onsab am Roten Meer, um es der Auslieferung an Großbritannien zu entziehen, aber die Briten hoben den Dampfer, reparierten ihn und setzten ihn als *Empire Indus* wieder in Fahrt. 1958 sank das Schiff als panamesischer *Pan Ocean* nordwestlich von Alexandria.

Magdeburg

Am 8. Dezember 1925 lieferte Blohm & Voß die mit 6218 BRT vermessene *Magdeburg* an die Deutsch-Austral ab, ein knappes Jahr später gehörten die Reederei und dieses Schiff der HAPAG. Das 137 m lange, 9230 Tonnen tragende Motorschiff war ein klassischer Fünf-Luken-Frachter, wobei die Luke 3 zwischen Aufbau und Maschinenschacht plaziert war. Die tiefergelegte Luke 1 im sogenannten „Versaufloch" ganz vorne war vermessungstechnisch bedingt. Dieser „Trick" wurde jedoch nur in Deutschland und Skandinavien angewandt. Die im Australien-Dienst eingesetzte *Magdeburg* ging 1944 verloren.

Ramses

Ramses war ein für die zur Westküste Amerikas fahrende Hamburger Linienreederei DDG „Kosmos" typischer Name. Die Flensburger Schiffsbau-Gesellschaft hatte das 7983 BRT große Schiff am 5. Mai 1925 geliefert, im November d. J. wechselte das Schiff mit der Fusion beider Reedereien zur HAPAG, die es zunächst im Ostasien-Dienst und später auch auf anderen Routen beschäftigte. Nachdem der niederländische Kreuzer *Jacob van Heemskerk* und der australische Kreuzer *Adelaide* den Frachter beim Blockadedurchbruchsversuch von Kobe in die Heimat am 23. Oktober 1943 im Pazifik stellten, versenkte die Besatzung die *Ramses* selbst.

Palatia

1928 lieferte die Schiffswerft von Henry Koch AG in Lübeck das 2769 BRT große Motorschiff *Palatia* an die HAPAG ab. Das 114 m lange Schiff hatte nur einen Zweitakt-Sechszylinder-Motor mit 3500 PSe, den die MAN in Augsburg gebaut hatte. Zusammen mit drei anderen „P"-Schiffen fuhr die *Palatia* im Mittelamerikadienst ihrer Reederei. Mit den kompakten Mittschiffsaufbauten verkörperte sie auch äußerlich einen neuen Frachtertyp. Hier wartet der Frachter mit sorgfältig gelegtem Ladegeschirr im Hamburger Hafen auf neue Reiseorder. Das Schiff wurde 1940 als *Khasan* an die ehemalige UdSSR verkauft, aber am 22. Juni 1941 in Stettin von Deutschland beschlagnahmt und von der Kriegsmarine als Transporter eingesetzt. Am 22. Oktober 1942 ging die *Palatia* an der norwegischen Küste durch britische Bomben verloren.

Kurmark

Die 7021 BRT große *Kurmark* wurde am 31. Mai 1930 von Blohm & Voß in Hamburg an die HAPAG abgeliefert. Sie kam wie die weiteren fünf Turbinenschiffe der *Neumark*-Klasse vorwiegend in den Liniendiensten zum Einsatz, die zuvor von der Deutsch-Austral bedient wurden, also nach Niederländisch-Indien und Australien. Die von fünf verschiedenen Werften gebauten Schiffe *Neumark, Nordmark, Bitterfeld, Kurmark, Staßfurt* und *Uckermark* ähnelten einander. Die von Blohm & Voß gebauten *Kurmark* und *Uckermark* waren mit je 9920 tdw die kleinsten, die in Flensburg gebaute *Nordmark* mit 11 170 tdw der größte Frachter. Alle waren mit 14,5 Knoten für damalige Zeiten schnell, und die Mittschiffsaufbauten standen mit dem Schornstein kompakt beieinander.

Nanking und **Jutlandia**
Die Entwicklung zur Serienreife leistungsfähiger Schiffsdieselmotoren hat die Handelsschiffahrt den Marinen des Ersten Weltkrieges mitzuverdanken. Zu den großen Linienreedereien, die frühzeitig auf Motoren vertrauten, gehörten etliche skandinavische. Die A/B Svenska Ostasiatiska Kompagni ließ 1924 von den Götaverken den 5931 BRT-Frachter *Nanking* bauen, der hier 1928 das Steubenhöft von Cuxhaven passiert.

Zu den ersten Motorschiffen der A/S Det Østasiatiske Kompagnie zählte 1912 das 4874 BRT-Zweischrau-benmotorschiff *Jutlandia*, das 1912 von Barclay, Curle & Co. in Glasgow gebaut wurde. Als Antrieb kamen zwei von der Werft gebaute 16-Zylinder-Motoren zum Einbau. Typisch für die skandinavischen Motorschiffe jener Zeit war der fehlende Schornstein, es genügten nun schmale, wie Masten aussehende Abgaspfosten. Die *Jutlandia* wurde 1934 verkauft, aber schon drei Jahre später abgebrochen. Als Ersatz bekam die Østasiatiske Kompagnie im November 1934 von der konzerneigenen Nakskov Skibsværft eine neue oben abgebildete *Jutlandia*, die über Einrichtungen für 125 Passagiere in komfortablen Kabinen verfügte und – bis in die siebziger Jahre – für die dänische Reederei nach Ostasien fuhr. Wie die erste *Jutlandia* hatte auch die zweite keinen Schornstein. *Foto: FotoFlite incorporating Skyfotos*

Franken und **Havel**
Von 1926 bis 1934 stellte der Bremer Norddeutsche Lloyd 17 Schnellfrachter in Dienst, die auf den Routen nach Ostasien, Australien und der Westküste Südamerikas zum Einsatz kamen. Sie waren mit 11 000–12 000 tdw sehr groß und hatten komfortable Einrichtungen für 14 Passagiere. Die ersten Schiffe dieser Klasse liefen 13,5, spätere 14, 15 und die beiden letzten sogar 17 Knoten. Als erstes Schiff dieser Klasse kam im April 1926 die vom Bremer Vulkan in Vegesack gebaute *Franken* (Foto oben) in Fahrt. Die Leistung der Dreifach-Expansionsmaschine mit 5500 PSe wurde Anfang 1934 durch Einbau einer Abdampfturbine auf 6700 PS erhöht, was zwar die Wirtschaftlichkeit verbesserte, aber die Geschwindigkeit nur um etwas mehr

als einen halben Knoten erhöhte. Die im Mai 1940 von den Niederlanden beschlagnahmte *Franken* wurde ein Jahr später als *Wangi Wangi* vom deutschen U-Boot *103* versenkt.
F. Schichau in Danzig lieferte mit der *Saale* und *Havel* (Foto oben) zwei Motorschiffe dieser Klasse. Der ursprünglich eingebaute 10-Zylinder-Sulzer-Schichau-Diesel mit 4500 PSe wurde 1938 im Rahmen einer Schiffsverlängerung gegen zwei 9-Zylinder-Diesel mit zusammen 10 000 PS ausgetauscht. Danach lief das wenig später in *Coburg* umbenannte Schiff sogar 17 Knoten. Bei Insichtkommen des britischen Hilfskreuzers *Canberra* am 4. März 1941 im Indischen Ozean versenkte die Besatzung ihr Schiff selbst.

Catania

Der Fünf-Luken-Dampfer *Catania* entstand 1935 auf den Anlagen der Aktiengesellschaft „Neptun" in Rostock. Seine Reederei Rob. M. Sloman jr. setzte das 2148 BRT/3140 tdw-Schiff sowohl in der Linienfahrt ins westliche Mittelmeer wie auch in der allgemeinen weltweiten Trampfahrt ein. Der durch eine Doppelverbundmaschine mit 1600 PSi Leistung angetriebene Dampfer war so konzipiert, daß er sich für fast alle Trockenladungsarten eignete. Die *Catania* mußte 1945 an Großbritannien abgeliefert werden, und nach einem kurzen Zwischenspiel als britische *Empire Neath* wechselte sie 1946 als *Meridian* unter die Flagge der damaligen Sowjetunion.

Kythera

Seit 1923 fuhr dieser 3728 BRT große Dampfer unter deutscher Flagge in die Levante, zunächst als *Ostsee* im Rahmen der Deutschen Orient Linie AG der Stettiner Dampfer Compagnie AG, seit 1924 für die Deutsche Levante Linie aus Bremen und seit 1931 für den Norddeutschen Lloyd. 1935 kaufte die Hamburger Atlas Levante Linie den 106,2 m langen Dampfer und benannte ihn ein halbes Jahr später in *Kythera* um. Als solche liegt der mit einer 1355 PSi leistenden Dreifach-Verbundmaschine ausgestattete Dampfer 1938 in Antwerpen an den Pfählen. Er schlägt seine aus dem Mittelmeer mitgebrachte Massengutladung mit Hilfe von Schwimmkränen in Binnenschiffe um. Der Dampfer wurde im Dezember 1939 als *Gerda Ferdinand* nach Rostock verkauft und ging als solche am 28. November 1941 auf dem Argusgrund bei Stockholm durch Strandung verloren.

Mathura

Charles Connell & Co. in Glasgow bauten 1920 die Schwestern *Mangalore* und *Mathura* (Foto) für den UK-Indien/Pakistan-Liniendienst der 1801 gegründeten Reederei Thos. & Jno. Brocklebank. In ihren Abmessungen (158 m Länge/19,48 m) waren sie so bemessen, daß sie das Hooghly- bzw. Ridderpore-Dock in London noch erreichen konnten, die Leistung ihrer zwei Dampfturbinen war so ausgelegt, daß die Schiffe die Strecke London–Kalkutta in 28 Tagen erreichten. Weil die Schiffe zu groß und zu kostenintensiv waren (!), ließ die Reederei die beiden Schwestern zusammen mit zwei ähnlichen Frachtern 1935 um rund 6 m verkürzen, und zwar im Bereich zwischen Schornstein und Brücke. Die *Mathura*, die von 1930 bis 1932 verankert in der Rothesay Bay der Familie Brocklebank als Wohn- und den Angestellten als Büroschiff diente, fuhr bis 1959 mit Brocklebanks blau-weißen Ringen am Schornstein. Um nicht unter dem Traditionsnamen *Mathura* abgebrochen zu werden, erhielt sie 1959 für die letzte Fahrt zu den Abbrechern den Namen *Thumara*. Das Bild (FotoFlite incorporating Skyfotos) entstand kurz vor dem Ende vor Anker auf der Themse. Die kleinen Fahrzeuge im Hintergrund sind typische Themse-Bargen.

Nagara

Als diese Aufnahme im August 1959 im Bremer Überseehafen entstand, hatte das 6525 BRT große Doppelschrauben-Frachtmotorschiff *Nagara* gerade sein 40jähriges Dienstjubiläum für seine Reederei feiern können, die damals von Dan-Axel Brostrøm geführte Aktiebolaget Svenska Ostasiatiska Kompagnie. Das Schiff fuhr, wie der Reedereiname es besagt, im Liniendienst zwischen Schweden und kontinentalen Häfen nach Fernost, daher führten diese Schiffe in der Regel als Namen geographische Bezeichnungen aus Fernost. Die *Nagara* war im Bereich der Luke 1 mit einem zweiten Zwischendeck ausgestattet, und die Räume zwischen den Wellentunneln und der Bordwand achtern waren als Süßöltanks ausgelegt. Die Schiffe der Aktiebolaget Svenska Ostasiatiska Kompagnie hatten weiße Rümpfe, einen gelben Schornstein mit blauem Rund, auf dem drei erhabene goldene Kronen angebracht waren. Das 1921 von den Götaverken in Göteborg gebaute Schiff wurde von seiner Reederei 1961 innerhalb Schwedens verkauft und in *Dagmar* umbenannt. Drei weitere Eigner – sowie Wechsel der Namen in *Ricardo* und *Bali Mariner* folgten. Am 14. August 1967 lief das Schiff Kaohsiung zum Abbruch an.

Tai Ping Yang

Bis einschließlich der 1969 gebauten *Toro*, dem letzten klassischen Wilhelmsen-Liner, waren die Linienfrachter der Familienreederei Wilh. Wilhelmsen aus Oslo an ihren eleganten Linien, dem schwarzen Rumpf mit der mittelblauen Zierlinie sowie dem schwarzen Schornstein und zwei blauen Ringen überall zu erkennen. Die hier abgebildete *Tai Ping Yang* – der Name bedeutet auf Chinesisch der große pazifische Ozean – wurde 1929 von der Deutschen Werft AG in Kiel als 156. Wilhelmsen-Liner abgeliefert. So wie dieses Schiff mit der Anordnung einer großen Luke 3 zwischen Brücke und Maschine sahen Wilhelmsen-Liner seit 1920 aus, die *Tiber* von 1954 war der letzte Frachter dieser Bauart. Die *Tai Ping Yang* kam im Ostasien-Dienst sowie gelegentlich auf den interpazifischen Linien der Reederei zum Einsatz. Die letzten zehn Jahre vor ihrem Abbruch 1972 war sie als *Sophia* in der Trampfahrt tätig.

Jason

Die Bremer Dampfschiffahrtsgesellschaft „Neptun" betrieb seit 1869 ein umfangreiches Liniennetz von Bremen und später auch von Rheinhäfen zu deutschen und ausländischen Ostseehäfen sowie zur Iberischen Halbinsel. Speziell für den Verkehr vom Rhein, wobei Köln in der Regel südlichster Hafen war, nach Ostpreußen ließ die Reederei von verschiedenen deutschen Werften ab 1935 eine Reihe rheingängiger Linienfrachter bauen. Sie erhielten niedrige Aufbauten und Kräne, damit zum Passieren der Brücken keine Klappmasten erforderlich wurden. Auf einer Reedereipostkarte ist hier die *Jason* vor dem Kölner Dom zu sehen. Das 1025 BRT/1580 tdw-Schiff sank 1942.

Fjorden

1922 baute die A/B Finnboda Varv in Stockholm den 1578 BRT großen und etwas mehr als 3000 Tonnen tragenden Motorfrachter *Fjorden* für die Stockholms Rederi A/B Svea, die in der Linienfahrt von Ostschweden zu kontinentalen Plätzen aktiv war und dabei vor allem Fertig- und Halbfertigprodukte beförderte. 1941 erklärte das Deutsche Reich den in Bordeaux liegenden Frachter zur Prise. 1947 kam er unter dem auf *Fjord* verkürzten Namen wieder für seine alten Eigner in Fahrt. 1955 kaufte die Reederei Kapitän Heinrich Krohn GmbH aus Travemünde den Frachter und ergänzte den Namen auf *Fjordmöwe.* Von 1959 bis Ende 1960 fuhr das mit 23 Mann besetzte Motorschiff wieder als *Fjorden* für die Rederi A/B Svea, aber diesmal in Charter. Dabei entstand diese Aufnahme im Nord-Ostsee-Kanal. Nach sieben Jahren Fahrtzeit als griechische *Kassos* erfolgte 1971 der Abbruch.

Costeiro Terceiro

Für ihren Liniendienst von Portugal nach Nordafrika ließ die große portugiesische Linienreederei Soc. Geral de Comercio, Industriea e Transportes Ltda. in Lissabon von der Cia. Unio Fabril Lisboa den Küstenfrachter *Costeiro Terceiro* bauen. Der Schwesterbetrieb in Barreiro lieferte das Schwesterschiff *Costeiro Segundo*. Die in unseren Ohren wohlklingenden Namen der Kümos täuschen über die Tatsache hinweg, daß die Schiffe in portugiesisch eigentlich nur Kümo Drei bzw. Zwei hießen. Die *Costeiro Terceiro* war mit 1212 BRT vermessen und mit einem Kreuzerheck ausgerüstet. Die auffällig große Seitenbeschriftung führten viele neutrale Schiffe während der Kriegsjahre.

Maasland

Der niederländische Frachtdampfer *Maasland* ex *Aert van der Neer -46* entstand 1941 bei J. L. Thompson & Sons Ltd., Sunderland, als *Empire Galliard* vom Standardtyp „B", der in England in zahlreichen Exemplaren gebaut wurde, um die hohen Kriegsverluste auszugleichen. Konzipiert war der 7170 BRT-Frachter mit 10120 tdw als einfaches Trampschiff, doch die Tonnageknappheit nach 1945 führte dazu, daß viele Linienreedereien auch relativ einfache Frachter auf ihren Linien einsetzten. So der NV Koninklijke Hollandsche Lloyd aus Amsterdam, der den Frachter von 1946 bis 1959 betrieb. Sieben weitere Jahre als türkische *M. Bingul* folgten bis zum Abbruch 1966 in Istanbul.

Alain L. D.

Der Anstrich und die veränderte Schornsteinform machen es auch dem Kenner schwer, in der *Alain L. D.* der französischen Reederei Louis Dreyfus & Cie. den ehemaligen HAPAG-Frachter *Oakland* zu erkennen. Als solchen hatte die Deutsche Werft das 132 m lange 9000 tdw-Schiff im Oktober 1929 an die HAPAG geliefert. Deutschlands größte Reederei setzte die 14 Knoten schnelle *Oakland*, die Einrichtungen für 24 Passagiere der ersten Klasse besaß, in den Dienst zur nordamerikanischen Westküste ein. Am 27. August 1944 sank das Schiff nach einem Luftangriff in Brest. 1945 wurde es gehoben, wiederhergestellt und 1949 als *Alain L. D.*, nun in der Trampfahrt, eingesetzt. Von 1964 bis zum Abbruch 1968 fuhr der Motorfrachter als griechische *Lycurgos. Foto: Rolf Meinecke*

Clio

Der Kenner erkennt sofort die deutsche Bauart des norwegischen Linienfrachters *Clio,* der hier mit Schlepperassistenz in Bremen einläuft. Als die Deutsche Werft am 15. Juni 1940 das 6337 BRT große Motorschiff als *Bukarest* (7075 tdw/12 Passagiere) an die Deutsche Levante Linie ablieferte, mußte diese ihr Schiff gleich an die Kriegsmarine weitergeben, die es den Marinefliegern als Trainingsschiff zur Verfügung stellte. 1945 mußte das Motorschiff an Großbritannien ausgeliefert werden, das es an Norwegen weitergaben. 1947 kaufte die Det Bergenske Dampskibselskab in Bergen das Schiff, um es als *Clio* im Liniendienst nach Süd- und Mittelamerika einzusetzen. In das Mittelmeer, das ursprünglich vorgesehene Fahrtgebiet, kam das Schiff erst nach 1963, als es als *Panorea* dem griechischen Reeder Michail Karageorgis gehörte.

Götaälv

Der 1904 von der Georg Seebeck AG in Bremerhaven gebaute 658 BRT-Dampfer *Götaälv* gehörte seit 1933 zur Flotte der Hamburger Mathies Reederei AG, die seit 1859 Liniendienste von Hamburg in die Ostsee betrieb und dies auch heute noch über ihre Beteiligung an den Team Lines tut. Zunächst führte der mit einer 655 PSi-Dreifachexpansionsmaschine ausgestattete Dampfer den Namen *Indalsälfven,* ab 1941 den Namen *Götaälv.* Die drei Laderäume boten 50 130 Kubikfuß Raum, sie wurden, wenn keine Landkräne vorhanden waren, von drei Bäumen à 2 bzw. 2,5 tons bedient. 1956 erwarb die Hamburger Abbruchfirma Walter Ritscher den Veteran zum Verwerten, moderne Motorschiffe übernahmen die Aufgaben der *Götaälv.* Die ähnliche, aber etwas größere *Werner* fuhr noch bis 1960 für die Mathies-Reederei. Sie wurde nicht komplett verschrottet. Ihr Brückenaufbau erinnert heute noch im Museum für Hamburgische Geschichte an die große Zeit der *Tourendampfer,* wie man die kleinen Linienfrachter nannte. *Foto: Rolf Meinecke*

Memnon

Insgesamt 413 Einheiten des amerikanischen *Victory*-Typs wurden während des Zweiten Weltkrieges für das amerikanische USMC gebaut. Die Typen VC2S-AP2 und VC2S-AP3 unterschieden sich nur durch die Maschinenleistung von 6000 bzw. 8500 PS. Nach dem Kriege dienten sie vielen, vor allem britischen, Reedereien zum schnellen Ausgleich ihrer Kriegsverluste. Die Blue Funnel Line der Reederei Alfred Holt & Co. in Liverpool übernahm 1946 für sich und die niederländische Tochterfirma zehn *Victory*-Schiffe, darunter auch die *Philips Victory*, die als *Memnon* (7711 BRT/1945 Permanente Metals Corp., Richmond) für die Tochterfirma Ocean Steamship Co. in Fahrt kam. Von 1957 bis 1962 fuhr sie als *Glaucus*, um den Traditionsnamen *Memnon*, den sieben Blue-Funnel-Liner führten, freizumachen. Sieben turbulente Jahre für iranische und griechische Eigner folgten, bis das Schiff 1969 in Hongkong abgebrochen wurde.

Flying Independent

Auch der Turbinenfrachter *Flying Independent* gehört zum amerikanischen Standardbauprogramm des Zweiten Weltkrieges. Vom Typ C1 gab es die Varianten A und B, die sich durch das Ladegeschirr unterschieden. Dieses Schiff entstand als *Cape Domingo* bei der Consolidated Steel Corporation in Wilmington/California. 1947 wurde es an die American Export Lines verkauft und umbenannt. 1966 kaufte die Sperling Steamship & Trading Corporation in New York den Dampfer. Anders als viele andere Standardfrachter wurde er nicht als Reserveschiff eingemottet, sondern war bis zum seinem Abbruch in Kaohsiung im Herbst 1968 aktiv. Das Schwesterschiff *Flying Enterprise* sorgte ab 28. Dezember 1951 für Schlagzeilen, als diese nach enormen Rumpfbeschädigungen 60 Grad Schlagseite erlitt und 13 Tage so trieb, mit ihrem Kapitän Henrik Carlsen an Bord. Bergungsschlepper konnten den Untergang nicht verhindern. *Foto: Rolf Meinecke*

Loredan

Die „Adriatica" Soc. Per Anzioni Di Nav. in Venedig ließ sich von der in der Nachbarschaft befindlichen Cantieri Navali Breda in Mestre bei Venedig 1946 den 1836 BRT/2296 tdw-Dampfer *Loredan* bauen, der in den Frachtliniendiensten der Reederei von den oberen Adriahäfen ins westliche und östliche Mittelmeer eingesetzt wurde. Ähnlich wie die „Tourendampfer" in der Ostsee klapperten die *Loredan* und eine Reihe ähnlicher Schiffe eine Vielzahl von Häfen ab und erledigten den Stückgutverkehr, bis ihnen diese Transporte die Lkw in Kombination mit modernen Roll on/Roll off-Fähren wegnahmen.

Cavelier de la Salle

Französische Werften und Reedereien pflegten andere Baustile als z. B. britische oder deutsche Werften. Die hier weserabwärts laufende *Cavelier de la Salle*, die zusammen mit ihrer Schwester *Le Moyne-D'Iberville* 1948/49 auf der Werft Forges et Chantiers de La Gironde in Bordeaux für den Mexiko-Dienst der Cie. Générale Transatlantique gebaut wurde, sah allerdings eher britisch aus. Weil man den französischen Reedereinamen außerhalb Frankreichs kaum aussprechen konnte, hieß diese größte französische Linienreederei in Schiffahrtskreisen nur French-Line. Das 16 Knoten schnelle 6916 BRT-Schiff besaß zwei durchlaufende Zwischendecks und Einrichtungen für 12 Passagiere. Am 13. Januar 1968 machte der griechische Käufer eine *Cavalier of Athens* aus dem Frachter. Dreieinhalb Jahre später erfolgte in Kaohsiung der Abbruch.

Amsterdam

Für den Dienst von nordfranzösischen Häfen nach Algerien bestellte die Les Cargos Algeriens SA im damals französischen Algier auf der Werft in La Ciotat den 3653 BRT / 5045 tdw-Frachter *President Charles Lefebre*. Nach der Entlassung Algeriens in die Selbständigkeit gehörte der Frachter mit Einrichtungen für 12 Passagiere der Soc. Charles Lefebre & Co., Dünkirchen, an seiner Tätigkeit in der Linienfahrt nach Algerien änderte sich nichts. Das änderte sich erst nach dem Verkauf an die Franconia Reederei GmbH in Bremen, deren Korrespondentreeder H. Glahr & Co. das Schiff als *Jadefahrt* in der Trampfahrt beschäftigte. Diese war offenbar nicht das ideale Einsatzgebiet für die *Jadefahrt*, denn 1970 kauften die griechische Empros Lines das Schiff, um es die folgenden elf Jahre als *Amsterdam* in ihrem Liniendienst vom Kontinent ins östliche Mittelmeer einzusetzen. Am 21. Januar 1982 strandete das Schiff auf der im Pazifik gelegenen Farasan-Insel als *Jetpur Delight*. Es wurde zwar geborgen, aber die Schäden waren so schwer, daß im Juli 1983 der Abbruch erfolgte. *Foto: Vermutlich Urbain Ureel*

Leerdam

Die Holland-Amerika-Linie, die 1998 auf ihr 125jähriges Bestehen zurückblicken konnte – allerdings mit wesentlich verändertem Geschäftsbereich –, ließ 1920 von drei verschiedenen niederländischen Werften drei baugleiche Schwesterschiffe für den Dienst Kontinent–Mittelamerika bauen. Die kombinierten Fracht- (11 640 tdw) und Passagierschiffe (14 in der ersten, 174 in der zweiten und 800 in der dritten Klasse) kamen als *Maasdam, Edam* und *Leerdam* in Fahrt. Charakteristisch war ihr Aussehen; wie bei Frachtdampfern dieser Größe üblich, hatten sie zwischen Aufbau und Maschinenaufbau eine Ladeluke, ungewöhnlich war aber die Ausstattung mit zwei Schornsteinen. Die Schiffe wurden jedoch bald umgebaut, die *Leerdam* 1934, wobei auch die Passagiereinrichtungen und -kapazitäten verändert wurden. Am ersten Weihnachtstag des Jahres 1952 beendete die *Leerdam* ihre Fahrtzeit für die Holland-Amerika-Linie, im folgenden Jahr wurde sie in Kawasaki abgebrochen.

Tudor und **Thermopylæ**

Die dritte *Tudor* der Linienreederei Wilh. Wilhelmsen aus Olso, die am 7. Februar 1949 von Kockums Mekaniska Verksted zum Preis von exakt 10 623 853,53 NKR geliefert wurde, unterschied sich in der Konstruktion nur unwesentlich von den Vorkriegsbauten. Die für Wilhelmsen-Liner jahrzehntelang typische Anordnung der Luke 3 zwischen Brücken- und Maschinenaufbauten wurde bis 1954 beibehalten. Wilhelmsen-Lines unterhielten einen umfangreichen Dienst von Liniennetzen nicht nur von Norwegen und kontinentalen Häfen nach Fernost, Australien und Amerika, sondern auch eine Reihe von Liniendiensten im sogenannten Cross Trade, z. B. von den USA nach Fernost oder Afrika. Am 6. August 1969 übernahm Johannes Solstad auftrags der Solstads Rederi A/S den 5418 BRT/9090 tdw-Motorfrachter als *Solstad*, der nun – in der Endphase konventioneller Linienschiffahrt – in der Trampfahrt und in Charter von Linienreedereien eingesetzt wurde. Von 1975 bis 1978 fuhr das 16,5 Knoten schnelle Schiff als *Sea Glory* unter Panama-Flagge. Im April 1978 fand in Gadani Beach der Abbruch statt. *Foto: Arnold Kludas*

Obgleich die *Thermopylæ* wie ein Schwesterschiff der *Tudor* aussieht, ist sie keines. Sie ist 15 m länger und mit 7262 BRT vermessen. Der Zweischraubenfrachter mit 10 250 tdw verfügte über Kühlräume und kam im Australien/Neuseeland-Dienst zum Einsatz, wo als Ladung sowohl Fleisch als auch Eier, Butter und Obst anfielen. Auch für diesen Frachter fanden sich norwegische Käufer. Brødrene Olsen A/S aus Stavanger erwarben den Frachter am 24. Juni 1971, betrieben ihn als *Kongsborg* aber nur noch anderthalb Jahre. Am 25. Oktober 1972 begann in Kaohsiung der Abbruch. *Foto: FotoFlite incorporating Skyfotos*

Jacob Jebsen

Die Apenrader Reederei M. Jebsen AG wurde zwar in Vlissingen gegründet, begann ihre Schiffahrtstätigkeit aber mit dem am 14. November 1878 von der Flensburger Schiffsbau-Gesellschaft übernommenen Dampfer *Signal* (514 BRT). Seit dieser Zeit betrieb die Firma, deren Niederlassung Hongkong bald viel bedeutender wurde als der Stammsitz Apenrade, die chinesische Küstenfahrt mit Liniencharakter. 1952 lieferten die Kieler Howaldtswerke den 5405 BRT-Motorfrachter *Jacob Jebsen*, dem im Laufe der Jahre weitere ähnliche Schiffe aus Flensburg und Rendsburg folgten. Neben den jeweils vier Ladeluken erhielten alle diese Schiffe auf jeder Bordwand auch je drei Seitenpforten, um so den Ladungsumschlag in Dschunken und Sampans zu erleichtern. Viele chinesische Häfen bestanden nämlich nur aus Reedeplätzen, so daß das Schiff auf bordseitigen Umschlag eingerichtet sein mußte. 1979 gab Jebsen die Linienfahrt auf und konzentriert sich seither ganz auf das Handelshaus in Hongkong.

Duisburg
Die zur Gutehoffnungshütte gehörende Rheinwerft Walsum nördlich Duisburg baute 1952 das formschöne Motorschiff *Duisburg* für das Duisburger Handelshaus Franz Haniel & Cie. GmbH. Es bekam den gleichen Namen wie ein 1936 ebenfalls in Walsum gebautes, ähnliches aber kleineres Schiff für Haniel. Die Duisburger bereederten den 1853 BRT/2940 tdw großen Drei-Lukenfrachter nicht selbst, sondern überließen dies ihrer damaligen Tochterfirma OPDR. Diese an der Küste bekannten Buchstaben stehen für Oldenburg-Portugiesische Dampfschiffs-Rhederei Kusen, Heitmann & Cie., die damals wie heute Liniendienste vom Nordkontinent nach Spanien/Portugal und Nordafrika unterhalten. Vom Juni 1963 fuhr das 11 Knoten schnelle Zweischraubenschiff als *Eilenau* für die Hamburger Bugsier-Reederei im Liniendienst vom Hamburg in die Irische See. Es wurde 1973 nach Panama verkauft und 1974 zum Bagger umgebaut. *Foto: Rolf Meinecke*

Bilbao

Die OPDR bestellte 1949 sechs Motorfrachter zum Ausgleich ihrer 17 Kriegsverluste und der zehn an die Alliierten abgelieferten Schiffe. Je drei Bauaufträge gingen an die Lübecker Maschinenbau-Gesellschaft und an die Deutsche Werft in Hamburg. Die Hamburger Neubauten wurden noch während des Baus verlängert, aus dem LMG-Trio wurde durch die 1953 „nachgelieferte" *Bilbao* ein Quartett. Mit nur 78,12 m Registerlänge, 12,85 m Breite und 8,15 m Seitenhöhe besaß der Frachter zwar ausgewogene Abmessungen, die mittschiffs angeordneten Aufbauten verliehen ihm jedoch ein gedrungenes Aussehen. 18 Jahre lang fuhr die *Bilbao* mit ihrem silberfarbenen Rumpf für die OPDR zur Iberischen Halbinsel, nach Nordafrika und den Kanarischen Inseln. 1971 wurde sie nach Griechenland verkauft, bekam 1973 den neuen Namen *Athensburg*, strandete aber wenige Tage später bei Manhouhdi/Eubea Island und brach auseinander. *Foto: Urbain Ureel*

Pergamon
Mit dem aus Großbritannien angekauften Dampfer *Pergamon* ex *Destrian* ex *Destro* (3548 BRT/5100 tdw/1920 in Port Glasgow gebaut) begannen Bock, Godefroy & Co. in Hamburg mit dem Wiederaufbau der Flotte. Die nach ihren Geschäftsführern benannte Reederei führte seit 1935 die Geschäfte und das Liniennetz der Atlas- und Deutsche Levante Linie fort. Hamburg und Bremen blieben Ausgangspunkt eines filigranen Linienverbundes in das östliche Mittelmeer. Wie damals bei den meisten Linien üblich, war das Liniennetz nicht starr, sondern je nach Ladungsangebot fielen einzelne Häfen weg, andere, mitunter auch „auf dem Weg gelegene" Plätze kamen hinzu. Für den typisch britischen Liniendampfer *Pergamon* änderte sich außer Eigner und Flagge wenig: Auch für seinen Vorbesitzer, die Ellerman Wilson Line, war das östliche Mittelmeer immer sein Ziel. Ausgangspunkt waren allerdings britische Häfen und solche in Belgien und Frankreich. *Foto: Rolf Meinecke*

Heidelberg

Auf rund elf Jahre belief sich die Bauzeit des HAPAG-Turbinenfrachters *Heidelberg.* Am 19. November 1942 lief der 157,6 m lange Frachter als *Mannheim* bei der Deutschen Werft in Hamburg von Stapel. Der Krieg verhinderte die Fertigstellung. Fliegerangriffe beschädigten den Bau. Es gelang, den gefluteten Rumpf vor der Auslieferung an die Alliierten zu bewahren, und am 9. März 1953 konnte die HAPAG ihren 9185 BRT / 11 480 tdw großen Neubau als *Heidelberg* auf die Jungfernreise nach New York schicken. Die geräumigen Unterkünfte boten Platz für 58 Mann Besatzung und 12 Passagiere. Bis zu seinem Verkauf 1966 nach Panama fuhr der Turbinenfrachter überwiegend im Australiendienst seiner Reederei. Mit seiner 9000 PSw leistenden Turbinenanlage schaffte er 16,5 Knoten Reisegeschwindigkeit. Nach 1966 folgten vier Eigner- und Namenswechsel in *Eurystheus, Union Evelyn, Union Companion* und *Companion 2,* bevor am 2. September 1973 die letzte Reise im taiwanesischen Kaohsiung beendet war.

Leverkusen

Der Turbinenfrachter *Leverkusen* (6828 BRT / 10 150 tdw) gehörte zu einer Reihe von neun jeweils 17 Knoten schnellen Turbinenfrachtern, die sich die HAPAG 1953/54 von verschiedenen deutschen Werften bauen ließ. Die Turbinenanlagen hielt man seinerzeit für schnelle Schiffe als den besten Antrieb, sie erforderten zwar viel Personal, aber das war damals weder schwer zu bekommen noch teuer. Die nach deutschen Industriestädten benannten Schiffe kamen vor allem auf langen Linien zum Einsatz, nach Ostasien, zur Westküste Nordamerikas oder nach Australien. Im März 1970 wurde die *Leverkusen* in *Tübingen* umbenannt, um den Namen für ein modernes Semicontainerschiff freizumachen. Da Turbinenfrachter inzwischen technisch überholt oder weniger wirtschaftlich waren, kamen nur noch zwei Jahre Fahrtzeit als pakistanische *Mainamati* hinzu, bevor 1972 die Schneidbrenner ihre Arbeit begannen.

Solingen und **Sieh Chih**

Die mit 3280 BRT vermessene *Solingen* kam am 2. August 1955 als Typschiff der sieben Einheiten umfassenden *Solingen*-Klasse für die HAPAG in Fahrt. Die *Marburg* und die *Iserlohn* als letzte Schiffe dieser Klasse waren mit 120,9 m Länge, 16,45 m Breite und 5154 BRT / 6825 etwas größer als die fünf vorangegangenen Frachter (118,9 m Länge). Alle Schiffe fuhren im Westindiendienst ihrer Reederei, der damit von einer einheitlichen Schiffsklasse bedient wurde. Charakteristisch für HAPAG-Schiffe jener Zeit war der graue Zierstreifen am Aufbau in Höhe des Bootsdecks, der zwar Pflege kostete, aber zum eleganten Aussehen der Schiffe beitrug. Die *Solingen* wurde 1971 an fernöstliche Eigner verkauft, hieß *Omega* und ging 1973 in den Besitz der Ocean Tramping Co. in Mogadiciu, einer chinesisch kontrollierten Reederei. Es hieß zunächst *Sieh Min* und ab 1976 *Lan Shan*. Seit 1992 ist es nicht mehr in Lloyd's Register verzeichnet.

Die ersten vier Schiffe dieser Klasse, *Solingen, Remscheid, Wuppertal* und *Krefeld,* wurden im Herbst 1971 an chinesische Käufer übergeben. Sie wurden zunächst in Monrovia, dann in Mogadiciu und erst etwa ab 1976 in China registriert. Diese Aufnahme der *Sieh Chih* ex *Krefeld* entstand 1975 in Valletta auf Malta, als das Schiff unter der Flagge Chinas fuhr. Mit dem Erreichen des Hafens Hongkong am 22. Oktober 1983 war die Fahrtzeit der *Cang Shan* ex *Sieh Chih* ex *Silver Cloud* ex *Krefeld* beendet. Hier fand der Abbruch statt. *Foto: Urbain Ureel*

Erlangen

Nach der *Solingen-Klasse* übernahm die HAPAG – parallel zu etlichen Ankäufen – sieben Schiffe der *Tübingen*-Klasse. Alle Schiffe erhielten Namen nach Universitätsstädten. Die formschönen Frachter hatten eine abgerundete Brückenfront, wie es dem damaligen Zeitgeist entsprach. Die *Erlangen* kam am 23. Januar 1955 als drittes Schiff dieser Klasse in Fahrt, die Howaldtswerke in Hamburg hatten den Frachter unter der runden Bau-Nummer 900 erstellt. Das Schiff kam wie seine Schwestern im Liniendienst von Hamburg und Bremen nach New York, Baltimore, Norfolk und Philadelphia zum Einsatz. Auf dem Rückweg wurden noch Antwerpen und Rotterdam angelaufen, dieser Gemeinschaftsdienst wurde zusammen mit dem NDL betrieben und bot wöchentlich eine Abfahrt. Hier begann 1968 die Containerisierung, so daß sich die HAPAG von dieser Klasse trennte. Die *Erlangen* wurde zusammen mit dem Vorbau *Göttingen* in Kaufmiete bei der indonesischen Samudera-Reederei angeliefert und in *Lawanti* umbenannt. Für diese Reederei blieb das Schiff im Liniendienst tätig, allerdings nun von Indonesien nach Europa. Am Silvestertag des Jahres 1983 wurde sie in Hongkong zum Abbruch angeliefert.

Donautal

Der Norddeutsche Lloyd aus Bremen hatte wie die HAPAG praktisch seine gesamte Seeschiffsflotte durch den Zweiten Weltkrieg verloren. Als ersten Neubau nach 1945 lieferte der Bremer Vulkan am 15. März 1951 das Motorschiff *Rheinstein* ab, das gleichzeitig eine neue Namensgebung einleitete. Von nun an bekamen die Linienfrachter (fast) alle einen auf *-stein* endenden Namen. Der 2693 BRT große und 14,5 Knoten schnelle Frachter wurde im Mittelamerika-Dienst des NDL eingesetzt und erlebte 1970 noch die Fusion seiner Reederei zur Hapag-Lloyd AG. Ein Jahr später verkaufte man das Schiff an die kurzlebige Nelson Schiffahrtsagentur & Reederei in Wien. Es hieß nun *Donautal,* wie auf diesem Bild. Die letzten fünf Jahre bis zum Abbruch 1980 hieß der Frachter *Laurgain Express. Foto: FotoFlite incorporating Skyfotos*

Bieberstein

Für die langen Reisen zur südamerikanischen Westküste bestimmt waren die drei Motorfrachter der *Brandenstein*-Klasse des Norddeutschen Lloyd. Außer dem Typschiff waren das die *Bieberstein* und die *Bärenstein.* Die 5567 BRT/8325 tdw-Frachter liefen mit einem 7800 PSe-MAN-Diesel beachtliche 16,5 Knoten. Der NDL und die HAPAG führten den Wiederaufbau der Dienste nach 1945 gemeinsam durch. Daher orderte jede Reederei für jeden Dienst in der Regel die gleiche Anzahl von Schiffen. Für den Dienst zur südamerikanischen Westküste setzte die HAPAG die *Kassel, Köln* und *Stuttgart* in Fahrt. Bis 1959 waren die NDL-Seeschiffe für die Roland-Linie Schiffahrtsgesellschaft eingetragen, daher trugen sie bis dahin über dem gelben Schornstein eine schwarze Kappe. Die *Bieberstein* kam am 1. September 1970 durch Fusion ihrer Reederei mit der Hapag zur Hapag-Lloyd AG und wurde 1972 verkauft. Bis zum Abbruch im Mai 1980 fuhr sie als *Robertoemme* für den italienischen Reeder Ignazio Messina.

Moselstein

Zum Einsatz auf seinen längsten Routen, wie nach Ostasien, ließ der Norddeutsche Lloyd ab 1953 sieben jeweils 17,5 Knoten schnelle Turbinenfrachter mit jeweils über 10 000 tdw bauen. Typschiff war die am 1. Juli 1953 von der Lübecker Flender Werft abgelieferte *Weserstein,* während die hier abgebildete, am 4. Januar 1954 von den Hamburger Howaldtswerken abgelieferte *Moselstein* schon die Nummer 4 war. Als sich in der Ostasienfahrt ab Anfang der sechziger Jahre schnellere Schiffe im Markt durchsetzten, ließ der Lloyd die *Moselstein*-Klasse durch Einbau einer stärkeren Dieselmotorenanlage und längerem, veränderten Vorschiff umbauen. Die Länge wuchs um etwa neun Meter, aufgrund der schlankeren Form sank die Tragfähigkeit auf unter 10 000 Tonnen, aber mit 20 Knoten zählten diese Schiffe nun zu den schnellsten auf dem Ostasientörn. 1959 und 1966 erlitt die *Moselstein* jeweils eine schwere Havarie. Die letzten fünf Jahre bis zum Abbruch 1982 trampte der nicht umbenannte Frachter auftrags der Healthy Star Navigation Inc. in Monrovia. *Foto: FotoFlite incorporating Skyfotos*

Ravenstein

Während des Krieges hatte der NDL bei der belgischen Cockerill-Werft die drei Dreischraubenfrachter *Regensburg, Coburg* und *Marburg* bestellt, die kriegsbedingt nicht mehr an den Lloyd abgeliefert, sondern 1946/47 für die Compagnie Maritime Belge fertiggestellt wurden. 1955 konnte der NDL die drei Viermaster ankaufen und nun mit neuen Namen in Fahrt setzen. Die 17,5 Knoten schnellen Frachter kamen auf langen Linien zum Einsatz. Das Bild zeigt die *Ravenstein* 1969 in Hamburg. Alle drei Schiffe kamen mit der Fusion 1971 zur Hapag-Lloyd AG, wurden aber bereits ein Jahr später an griechische Eigner verkauft, der die Namen jedoch lediglich auf *Ravens, Rothens* und *Reifens* verkürzte. Die *Ravens* wurde am 21. Juni 1986 in Karadis zum Abbruch angeliefert.

Burgenstein

1958 lieferte der Bremer Vulkan mit der *Burgenstein* (8495 BRT/10 915 tdw) das Typschiff einer Fünferserie für den Einsatz auf Fernrouten wie nach Ostasien, Australien oder zur Westküste Amerikas ab. Die drei ersten Schiffe hatten die Maschine und Aufbauten weit achtern liegen – zwischen Aufbauachterkante und Heck lag nur noch ein Luke –, während die Aufbauten bei den knapp 2000 tdw größeren *Regenstein* und *Riederstein* weiter nach vorn rückten und Platz für zwei Luken schufen. Die *Burgenstein* fuhr bis 1981 für den NDL bzw. Hapag-Lloyd, die letzten sieben Jahre unter Panama-Flagge. Von 1981 bis 1984 war der 17,5 Knoten schnelle Motorfrachter als *Saudi Palm* in Djeddah beheimatet, dann wurde er abgebrochen.

Algier

Die alteingesessene Reederei Rob. M. Sloman jr. bestellte 1950 bei der Deutschen Werft vier 3100 tdw-Frachter für den Wiederaufbau des Liniendienstes in das Mittelmeer. Typschiff war die am 3. März 1951 fertiggestellte *Algier* (2214 BRT), der die *Messina, Palermo* und *Valencia* folgten. Alle vier Schiffe erhielten 1964 den Namensvorsatz *Sloman.* Die drei jeweils mit einem Zwischendeck ausgestatteten Laderäume wurden von ungewöhnlich umfangreichem Geschirr bedient: Vier 5-, vier 3- und ein 15-Tonnenbäume waren vor allem in den kleineren und den nordafrikanischen Häfen erforderlich, um die Ladung schnell umschlagen zu können. Die *Sloman Algier* wurde 1968 nach Manila verkauft, sie strandete am 8. Januar 1970 auf der Insel Sulat in Fernost.

Strofades

Die seit 1846 bestehende Mathies Reederei gründete am 2. Juli 1951 zusammen mit Rob. M. Sloman jr., den Gebrüdern Ulmann, Hamburg, und der Bremer DG „Neptun" die „Union" Afrika Linie GmbH, die einen konferenzunabhängigen Liniendienst vom Nordkontinent nach Westafrika bis nach Angola einrichtete. Dafür übernahm die Mathies Reederei 1951 von H. C. Stülcken Sohn, Hamburg, die 2400 tdw-Schwesterschiffe *Svealand* und *Norrland,* den dem vorgenannten Sloman-Quartett zwar äußerlich ähnelten, aber kleiner waren. Daher wurden sie schon wenige Monate nach Infahrtsetzung so umgebaut, daß sie jetzt auch 3100 tdw aufwiesen. Nachdem die „Union" ab 1954 mit der Woermann Linie kooperierte, wechselten *Svealand* und *Norrland* in die Mittelmeerfahrt. 1966 wurden beide verkauft. Aus *Norrland* wurde nacheinander eine *Norsland, Fort George* und schließlich 1975 eine *Strofades.* Als solche lichtete Urbain Ureel sie 1976 in Valletta ab. Nach knapp dreijähriger Aufliegezeit in Piräus ab März 1977 erfolgte im Februar 1980 der Abbruch in Megara.

Süderau

Den mit 1495 BRT vermessenen und 2420 Tonnen tragenden Motorfrachter *Süderau* ließ sich die Bugsier-, Reederei- und Bergungsgesellschaft 1952 von der AG „Weser", Werk Seebeck in Bremerhaven, für ihren Irland-Dienst bauen, der von Hamburg und Bremen zu verschiedenen Häfen in Irland und an der britischen Küste der Irischen See führte. 1978 war die Zeit des konventionellen Schiffes abgelaufen, die Containerisierung hatte es verdrängt. 1978 wurde der Frachter zum Einsatz als Malzlagerschiff nach Nigeria veräußert, sein Name wurde sinnigerweise in *Ex Süderau* geändert. Zwei Jahre später wurde das 78,5 m lange Schiff durch deutsche Vermittlung zum Abbruch nach Santander in Spanien verkauft. *Foto: Vermutlich Stefan Lipsky*

Pazifik
Eigner der am 14. Juli 1952 von den Kieler Howaldtswerken fertiggestellten und mit 3946 BRT vermessenen *Pazifik* war die Globus-Reederei GmbH, Hamburg, erster Korrespondentreeder die Erste Deutsche Walfang Ges. mbH, die – da der Walfang unter deutscher Flagge nicht mehr erlaubt war – auf diesem Wege in das Schiffahrts-Geschäft zurückkehrte. Eingesetzt wurde das Schiff jedoch im Rahmen der Deutschen Ostafrika- und der Woermann-Linie im Liniendienst nach Afrika. Dies gilt auch für die einige Wochen zuvor abgelieferte *Atlantik*. 1972 wurde eine panamaische *Ilse* aus dem Schiff, das bis zu seinem Abbruch 1982 noch zweimal den Eigner und noch einmal den Namen in *Jetpur Crystal* wechselte.

Windhuk

Die Bauwerft der am 16. November 1953 abgelieferten *Windhuk* ist leicht zu identifizieren: die Deutsche Werft unterstrich die Eleganz ihrer Linienfrachter mit grauen Zierlinien um die Aufbauten. Der 6282 BRT große und 8690 Tonnen tragende Frachter wurde für die Deutsche Afrikanische Schiffahrts GmbH, Hamburg, gebaut und 1959 auf den eigentlichen Betreiber, die DAL Deutsche Afrika Linien GmbH & Co., übertragen. Die geräumigen Aufbauten boten Platz für 36 Mann Besatzung und 12 Passagiere. Die *Windhuk* kam vorwiegend auf der Westafrika-Linie zum Einsatz, sie half aber auch nach Süd- und Ostafrika aus. Das große Foto (Urbain Ureel) entstand 1966 auf der Seine, der französische Hafen Rouen gehörte für die Woermann-Linie bis zur Containerisierung zu den Stammhäfen. Als das untere Bild drei Jahre später in Sapele/Nigeria entstand, gehörte die *Windhuk* bereits dem italienischen Reeder Giovanni di Maio aus Torre del Greco, der den Volldecker mit 11 744 Kubikmeter Rauminhalt für Stückgut für die Angelmar SA in Monrovia hatte eintragen lassen. Die Woermann-Linie hatte den Frachter für zwei Jahre zurückgechartert, an Fahrtgebiet, Name und Schornsteinfarben änderte sich bis 1972 nichts. 1976 kaufte die Österreichische Reederei GmbH in Wien den Frachter und betrieb ihn bis zum Abbruch 1981 als *Austrian Merchant.*

Prins Frederik Willem

Die sehr gedrungene *Prins Frederik Willem* war für die Maatschappij Zeetransport NV, Rotterdam, 1951 von der Scheepswerf De Merwede in Hardinxveld für den Linienverkehr in die Großen Seen von Nordamerika gebaut worden. Um dorthin zu kommen, mußten die Schiffe 29 Schleusen zum Überwinden von 184 m Höhenunterschied zwischen der Mündung des St.-Lorenz-Stromes und dem Erie-See passieren. Sie ließen nur Schiffe mit maximal 79 m Länge und 4,27 m Tiefgang zu, was zu dieser gedrungenen Bauart führte – auch bei schwedischen, norwegischen und deutschen Schiffen. Das 1534 BRT große und etwas mehr als 2000 Tonnen tragende Schiffe wurde von Anthony Veder & Co. im Rahmen der Oranje-Lijn vermarktet. Diese Linie und die norwegische Fjell-Line von Olsen & Uglestad legten ihren Dienst wenig später zusammen. Mit zeitweise 20 Schiffen boten sie das dichteste Liniennetz dorthin.

Transpacific

Kanada war schon vor dem Zweiten Weltkrieg das Ziel der größeren Schiffe der Königsberger Reederei Kohlen-Import & Poseidon Schiffahrts AG sowie der Hugo Stinnes GmbH. Mit der Neuorientierung nach 1945 und dem neuen Firmensitz Hamburg konzentrierte sich das ab 1955 als Poseidon Schiffahrts GmbH firmierende Unternehmen auf den Linienverkehr von Deutschland, den Niederlanden und Belgien nach Ostkanada. Das geschah zunächst mit älterer Tonnage, ab 1954 wurden Neubauten dafür in Dienst gestellt. Dritter Nachkriegsneubau und zweites Poseidon-Schiff mit dem Namensvorspann „Trans" war die *Transpacific*, ebenso wie ihre Schwester *Transatlantic* 1954 bei Flender in Lübeck gebaut. Auf dem Foto verläßt das Schiff den Hamburger Hafen, mit einer Netzbrook voll Unrat außenbords hängend. Das Schiff – mit komfortablem Platz für 12 Passagiere – ging am 17. Mai 1971 bei Cap Noir-Leuchtturm an der Küste Neufundlands durch Strandung verloren.

Simon von Utrecht
Als zweiten Nachkriegsneubau erhielt die Hanseatische Reederei Emil Offen & Co. in Hamburg 1954 von den Flender Werken den 5666 BRT-Frachter *Simon von Utrecht.* Zwei Dinge sind an diesem Schiff besonders bemerkenswert, es war seit vielen Jahren der erste deutsche Neubau, der nach den Vorschriften von Lloyd's Register klassifiziert, und der erste, der mit einem MAN-Schweröl-Motor ausgestattet wurde. Nach einigen Trampreisen ging dieses Schiff auch in den Liniendienst der Hanseatic-Vaasa-Line von Nordeuropa zur Westküste Nordamerikas, den Offen 1955 zusammen mit der finnischen Vaasa Laivan OY einrichtete. Ausgehend wurden vielfach Neuwagen geladen, spezielle Autotransporter gab es noch nicht. Zweimal brach die *Simon von Utrecht* dabei Rekorde. Am 17. Oktober 1955 lief das Schiff Long Beach mit 680 Volkswagen an, das war die bis dahin größte geschlossene Ladung der Wolfsburger Autobauer. Am 24. August 1956 hatte sie auch die größte Ladung eines anderen Automobilwerkes an Bord: In Bremen waren 390 Goliath-Modelle, 200 Borgward Isabella und 120 Lloyd-Pkw von der Borgward-Gruppe für Vancouver und Los Angeles übernommen worden. 1971 kaufte ein griechischer Reeder das Schiff, der es in *Calypso N* umbenannte. Ein Jahr zuvor hatte sich die Hanseatische Reederei aus der Linienfahrt nach Nordamerika zurückgezogen. Nach vier weiteren Eignerwechseln erfolgte 1995 als *Singa Pearl* im indischen Olang der Abbruch. *Foto: Rolf Meinecke*

Niedersachsen

„Königin der Meere" nannten die rund 32 Mann Besatzung ihren 1954 von der Seebeckwerft in Bremerhaven gebauten Motorfrachter *Niedersachsen.* Es war ein bei Stinnes-Fahrern durchweg beliebtes Schiff „mit humorvoller Crew" und dem angenehmen Fahrtgebiet Europa–US-Golf–Mexiko. Eigner war die „Brenntag" Brennstoff-, Chemikalien- & Transport AG, die aus der von Hugo Stinnes übernommenen Chemiefirma Philipp Mühsam, Berlin, entstanden und in den fünfziger Jahren Eigner von fast einem Dutzend Schiffen war. Eingesetzt wurden sie von der Familienfirma Hugo Stinnes, Zweigniederlassung Hamburg, im Liniendienst in den US-Golf, den sie lange Zeit zusammen mit der Ozean-Linie der Reederei H. Schuldt betrieb und noch heute – inzwischen mit der Deutschen Seereederei als Partner – betreibt. 1967 kaufte die Reederei „NORD" von Klaus Oldendorff den Frachter als *Nordfels.* Es folgten mehrere Eigner- und Namenswechsel, bis das Schiff als *Michael K* am 17. November 1986 den Strand von Gadani Beach in Pakistan ansteuerte, wo die Abbrecher bereits warteten.

Eurydamas

Für ihren Liniendienst von der US-Küste nach Italien und anderen Westmittelmeerländern ließ die New Yorker Reederei P. D. Marchessini & Co. Mitte der fünfziger Jahre vier Turbinenfrachter bei der AG „Weser" in Bremen bzw. Bremerhaven bauen. Die hier abgebildete *Eurydamas* gehört mit ihrer Schwester *Eurytan* zu dem kleineren Paar mit je 8986 BRT/13 329 tdw und 607 000 Kubikfuß Rauminhalt für Stückgut. Sie waren mit einer Leistung von 4500 Wellen-PS und 14 Knoten Geschwindigkeit auch erheblich langsamer als die beiden größeren und zwei Jahre später gebauten *Eurylochus* und *Eurybates* mit je 9562 BRT / 13 300 tdw als Volldecker und 17 Knoten Geschwindigkeit. Die letzteren erhielten auch modernere Formen und kein mit Teakholz verkleidetes Brückendeck.

Kong Magnus

Als Rolf Meinecke 1955 diese Aufnahme des norwegischen Dampfers *Kong Magnus* ex *Luksefjell* ex *Cratheus* aus der Faltbootperspektive auf der Unterelbe „schoß", hatte das 1911 bei Akers Mekaniske Verksteder in Oslo (das damals noch Kristiania hieß) gebaute Schiff das Ende seiner Laufbahn fast erreicht. Die Det Nordenfjelske Dampskibsselskab in Trondheim, vornehmlich tätig in der regionalen und überregionalen Linienfahrt, beschäftigte den 1467 BRT großen Dampfer mit Einrichtungen für 12 Passagiere vor allem im Linienverkehr nach Deutschland. 1957 fand der Dampfer in Belgien unter Schneidbrennern sein Ende. Die Norweger, die den Liniendienst in Gemeinschaft mit anderen Reedereien, auch im Rahmen der legendären Hurtigruten, betrieben, brachten nun ein modernes Schiff zum Einsatz.

Montferland

Als modifizierten Nachbau der *Eemland*, 1953 von C. van der Gessen in Krimpen gebaut und mit 4521 BRT vermessen, lieferten Blohm & Voß am 15. November 1956 den 6875 BRT/10 365 tdw-Linienfrachter *Montferland* als erstes von drei Schwesterschiffen an die NV Scheepvaart „Hollandia", Direktion Wm. H. Müller & Co. NV, Rotterdam, die, wie es so schön hieß, auf Anweisung des Koninklje Hollandsche Lloyd handelte. Die Jungfernfahrt begann in Hamburg und führte über Rio de Janeiro, Santos, Montevideo nach Buenos Aires. Es folgten noch *Zaanland* und *Waterland,* die ursprünglich *Zeeland* heißen sollte. Bei dieser Schiffsklasse besaßen die Laderäume vor der Brücke zwei durchlaufende Zwischendecks, in den Hinterräumen bildeten Wellentunnel und Tankdecke das dritte Deck. Die „Hansa" schrieb: „Die *Eemland* ist als Linienfrachter, der vorzugsweise Stückgut befördert, reichlich mit Ladegeschirr ausgestattet. Sie hat drei Masten und acht Ladepfosten. An den vorderen der beiden Pfosten befinden sich je ein Ladebaum von 3/5 t, der Fockmast trägt zwei 3/5-t-Bäume, zwei 3/10-t-Bäume und einen Schwergutbaum von 40 t, der Großmast zwei 3/5-t-Bäume und zwei 3/5/10-t-Bäume. Vor und hinter dem Brückenhausaufbau sind zwei Pfosten an Back- und Steuerbord mit je einem 3/5-t-Baum vorhanden. Am Besanmast stehen vier und an den Pfosten im Achterschiff je ein Ladebaum von 3/5 t für das Laden und Löschen mit eigenem Geschirr zur Verfügung."

Cyrene

Für ihren Nahost-Liniendienst ließ sich die Atlas-Levante Line AG in Bremen 1958 von der Seebeck-Werft das Wechselschiff *Cyrene* bauen. Das bedeutete, daß die *Cyrene* als offener Schutzdecker mit nur 1520 BRT und 2368 tdw oder als geschlossener Schutzdecker mit 2353 BRT / 3454 tdw fahren konnte. Der Rauminhalt von insgesamt 156 784 Kubikfuß war in beiden Fällen voll nutzbar, und darauf kam es in der Linienfahrt vor allem an. Die kleinere Vermessung bot nicht nur in bezug auf die Hafen-, Lots- und sonstigen Gebühren Vorteile, sondern auch bei der Besetzung, so mußte bei Schiffen unter 2000 BRT z. B. kein Funker gefahren werden, und das Heuerniveau lag in der mittleren Fahrt deutlich unter dem der großen Fahrt. Die *Cyrene* wurde 1968 nach Indien verkauft, sie ging 1980 in Khorramshar durch Kriegseinwirkungen verloren. Das Schwesterschiff *Sabratha* wurde 1982 ebenfalls nach Indien verkauft und 1982 zum Meeresforschungsschiff umgebaut. *Foto: Rolf Meinecke*

Costa Rica

Wenige Minuten noch, dann läuft der 2394 BRT-Motorfrachter *Costa Rica* 1954 quer vom Helgen der Bremer Atlas-Werke GmbH von Stapel. Auftraggeber des Zwischendeckers war die Marina Mercante Nicaraguense SA in Corinto, die ihren Neubau in der Linienfahrt zwischen Zentralamerika und den US-Häfen an der Ostküste einsetzte. Die Atlas-Werke gehörten zeitweilig mehrheitlich der Bremer Reederei Richard Adler & Co. (Argo-Linie) und später dem Industriellen Hugo Stinnes jr.

Dunedin Star und **Gladstone Star**

Als die Reederei mit der schönsten Schornsteinmarke wurde die britische Blue Star Line oft bezeichnet, zu recht. Nahezu alle Blue-Star-Neubauten, auch die jüngeren Schiffe der „Neuzeit", erhielten traditionell gerade geschnittene Schornsteine, auf denen der blaue fünfzackige Stern auf weißem Rund und rotem Grund am besten zur Geltung kam. Mit ihrer massiven Wuchtigkeit prägten die Schornsteine ihre Träger als Blue-Star-Liner. Leider heute nicht mehr. Wie fast alle großen britischen Linienreedereien, die bis in die heutige Zeit überdauerten, gehört das Unternehmen einem Konsortium ohne eigene Identität an. Hier zwei Beispiele aus der rund 170 Einheiten umfassenden Blue-Star-Flotte. Oben die *Dunedin Star,* erste Nachkriegsneubau und, eine Ausnahme bei Blue Star, ein Einzelschiff. Alexander Stephen & Sons in Linthouse bei Glasgow lieferten das Schiff im September 1950 ab. Der Turbinendampfer war mit umfangreichem Geschirr ausgestattet und besaß statt eines Unterraums in Luke 5 Tieftanks zum Transport von Ölen. Nach 18jähriger Fahrtzeit wechselte die *Dunedin Star* 1968 als *Roland* zu Lamport & Holt, blieb aber in der Linienfahrt nach Südamerika tätig. Es war ursprünglich von James Chanders & Co. bestellt, aber während des Baus an Blue Star verkauft worden. Dann kaufte die zyprische Pallas Navigation Ltd. den Linienfrachter, um mit ihm als *Jessica* zu trampen. Offenbar nicht sehr erfolgreich, schon ein gutes Jahr später waren pakistanische Abbrecher die letzte Station.

Die sehr elegante *Gladstone Star* wurde zusammen mit der *Townsville Star* 1957 vom Bremer Vulkan an die Salient Shipping Co. (Bermuda) Ltd., Hamilton, abgeliefert, eine Blue-Star-Tochter. Die 17 Knoten schnellen Schwestern kamen im Australien-Dienst zum Einsatz. 1982 wurde die *Gladstone Star* nach Malta verkauft, hatte aber nur noch wenige Monate Fahrtzeit vor dem Abbruch in Gadani Beach. *Foto: Reinhard Nerlich*

Anchises und **Lycaon**

Der 7642 BRT große Frachtdampfer *Anchises* kam 1949 als zweite Einheit einer 27 Einheiten umfassenden Serie in Fahrt, mit der die Blue Funnel Line der Liverpooler Reederei Alfred Holt & Co. ihren Wiederaufbau begann. Sie hatte im Zweiten Weltkrieg 41 Schiffe mit 322 000 BRT verloren. Dieser Schiffstyp, der sich durch sechs – äußerlich kaum sichtbare – Varianten unterschied, prägte fast die gesamte Neuzeit der Blue Funnel Line. 1973 wurde die *Anchises* in *Alcinous* umbenannt, um den Traditionsnamen für die vierte *Anchises* freizumachen. 1974 übernahm die Glen Line den Dampfer, der aber schon ein Jahr später in Kaohsiung abgebrochen wurde.

Die mit 7859 BRT vermessene *Lycaon* wurde 1954 von Vickers Armstrong Ltd. in Newcastle für die Alfred-Holt-Tochterfirma China Mutual Steam Navigation gebaut und bildete den vorläufigen Abschluß des ersten Nachkriegsneubauprogramms der Blue Funnel Line, die Liniendienst nach Zentralasien, den pazifischen Inseln und Australien betrieb. Anschließend kaufte die Blue Funnel Line eine Reihe von Liberty-Dampfern und andere Second-Hand-Tonnage. Dampfer *Lycaon* wurde im Dezember 1977 in *Gavcus* umbenannt, um den Namen für einen Neubau freizugeben. Fünf Monate später verkaufte die Reederei die *Gavcus* nach Singapur. Am 14. Mai 1979 sank das Schiff als *United Vanguard* nach einem Maschinenschaden bei schlechtem Wetter im Indischen Ozean.

Elmina Palm

William Leber, aus dessen Firma später die Unilever-Gruppe hervorging, hatte bereits 1916 die Bromport Steamship Co. Ltd. gegründet, um seine Güter mit eigener Tonnage von und nach Westafrika befördern zu können. 1920 gründete er die Niger Company, um seine westafrikanischen Interessen auf eigene Füße zu stellen. Sie baute ab 1924 eine eigene Flotte auf und ging 1929 zusammen mit der Africa & Eastern Trade Corporation in der United Africa Company auf, die die Schiffahrtsaktivitäten forcierte und eine leistungsfähige Flotte aufbaute. Nach dem Zweiten Weltkrieg erwies es sich als notwendig, die Schiffahrtsinteressen abzutrennen, um auch konzernfremde Ladungen befördern zu können. Daher entstand 1949 die Palm Line Ltd., die bis zu ihrem Verkauf 1989 nach Frankreich 45 Schiffe betrieb, deren Namen auf *Palm* endeten. Eines von ihnen ist die 1957 von Swan, Hunter and Wigham Richardson Ltd. in Newcastle gebaute *Elmina Palm* (5356 BRT), die wie die anderen *Palm-Liner* zwischen dem Kontinent und Westafrika pendelte. Nach ihrem Verkauf 1977 fuhr sie noch vier Jahre lang als *Cyprus Sky* bzw. *Eastern Sky*, bevor türkische Abbrecher 1981 ihren Rumpf zerschnitten.

Tairea

Vier bedeutenden britischen Linienreedereien diente die 8199 BRT große *Tairea,* bevor sie ihre Laufbahn mit zwei Jahren Trampfahrt als *United Viscount* 1979 mit dem Abbruch in Taiwan beendete. Begonnen hatte sie als *Salsette,* unter diesem Namen hatte sie die berühmte Werft von John Brown im Glasgower Vorort Clydebank am 27. Juni 1956 an die Peninsular & Orient Steam Navigation Co. in London geliefert. Ihre Jungfernreise begann am 9. Juli 1956 und führte von London über Rotterdam, Genua, Port Swettenham, Singapur, Manila, Hongkong, Tientsin nach Tsingtao. 1966 übernahm die Eastern & Australia Steamship Company das Motorschiff als *Aradina.* 1970 wurde die British India Steam Navigation Co., London, neuer Eigner, als *Tairea* fuhr das Schiff nun nach Indien. 1971 übernahm P & O die British India und die Bereederung von deren Schiffen. 1975 erhielten alle P & O-Schiffe neue Namen, die mit *Strath...* begannen. Aus der *Tairea* wurde die *Strathlomond.* Die neue blau-weiße Schornsteinmarke von P & O stand jedoch im krassen Gegensatz zu den traditionellen Linien.

Maipura

Als Wm. Hamilton & Co., Port Glasgow, im April 1952 den Turbinendampfer *Maipura* an Thos. & Jno. Brocklebank, Liverpool, ablieferten, war die große Zeit dieser Reederei, die ihren Ursprung auf das Jahr 1770 zurückführte, schon vorbei. Diesem 220. Brocklebank-Schiff folgten nur noch 25 weitere, 1968 fusionierte das Unternehmen zur Cundard-Brocklebank Ltd., und 1971 übernahm die Trafalgar House Investments Ltd. das Eigentum, einer der bekanntesten britischen Reedereinamen verschwand damit. Mit der *Maipura* führte Brocklebank einen neuen Schiffstyp ein: kompakte Aufbauten und ein langes Vorschiff mit einer großen Luke 2, um Platz für sperrige Ladungen zu haben. Wie bei Brocklebank-Frachtern üblich, limitierten die Abmessungen der Hafenbecken von Calcutta die Länge und der Manchester Ship Canal die Breite. 1972 wurde eine *Liberty Retailer* aus der *Maipura.* 1974 beendeten Abbrecher in Kaohsiung die Fahrtzeit des 15-Knoten-Frachters. *Foto: FotoFlite incorporating Skyfotos*

Pando Point

Gebaut wurde dieser schnittige Turbinenfrachter 1957 zusammen mit der *Woodrra* als *Waroonga* bei Barclay , Curle & Co. in Glasgow für den Indiendienst der British India Steam Navigation Co. Im September 1969 kaufte P & O das 8753 BRT große Schiff und gab ihm den neuen Namen *Pando Point.* Sechs weitere Frachter erhielten nichtssagende Bezeichnungen mit dem neuen Vornamen *Pando,* den eigentlich die ganze P & O-Flotte bekommen sollte. *Pando*-Namen wurden nur drei Jahre lang vergeben, dann wandte man sich dem Vorspann *Strath* zu. Die *Pando Point* erlebte dies nicht, sie wurde 1974 als *Benwyvis* an die schottische Ben-Line verkauft. *Foto: FotoFlite incorporating Skyfotos*

Ningpo

Nur zwei Jahre lang, nämlich von 1968 bis 1970, fuhr die *Ningpo* in der zur John Swire-Gruppe gehörenden China Navigation Co. in deren Liniendienst von Hongkong nach Australien/Neuseeland. Sie war eines der ersten Swire-Schiffe, das mit neuer Schornsteinmarke fuhr. Genaugenommen war nur neu, daß auf dem bis dahin komplett schwarzen Schornstein die Reedereiflagge als Emblem gefahren wurde. Die Schiffswerft von Harland & Wolff in Gowan hatte den 7791 BRT-Frachter 1952 als *Essequibo* an die Royal Mail Line geliefert, die ihn in ihrem Westindiendienst beschäftigte. Auch nach dem Verkauf 1970 blieb *Ningpo* in fernöstlichen Gewässern in der Linienfahrt tätig. Der neue Eigner Burma Five Star Line Corp., Rangoon, setzt das Motorschiff als *Kalewa* auf fernöstlichen Linien ein. *Foto: FotoFlite incorporating Skyfotos*

Suevic

Zwei Jahre vorher hatten Harland & Wolff in Belfast die Schwesterschiffe *Runic* und *Suevic* an Shaw Savill & Albion Shipping Co., Glasgow, abgeliefert. Die Doppelschrauben-Turbinenschiffe kamen im Australien/Neuseeland-Dienst zum Einsatz und besaßen umfangreiche Passagiereinrichtungen. 1974 erlitt die *Suevic*, hier im Hamburger Hafen abgelichtet, einen großen Maschinenschaden, dessen Reparatur nicht mehr lohnte. Auf der letzten Reise von Lyttelton nach Kaohsiung zum Abbruch erlitt sie weitere Maschinenhavarien, so daß sie den Abbruchplatz buchstäblich mit letzter Kraft erreichte. Ihr Schwesterschiff *Runic* war jedoch schon 1961 als Totalverlust abgebucht worden, nachdem es an der australischen Küste auf ein Riff gelaufen war.

City of York und **City of Cape Town**

Zu den großen britischen Linienunternehmen zählen die Reedereien der Ellerman-Gruppe. John Reeves Ellerman machte sich 1886 selbständig, stieg aber erst 1899 in das Schiffahrtsgeschäft ein. Dennoch betrieb die Gruppe bis heute mehr als 660 Schiffe und ist noch in verschiedenen Konsortien aktiv. Es gab nur wenige Fahrtgebiete, in denen eine Ellerman-Reederei nicht tätig war. Zu den Hauptlinien zählte die nach Südafrika, für die Vickers-Armstrong 1952/53 die vier kombinierten Passagier- und Frachtschiffe *City of Port Elizabeth, City of Exeter, City of York* (Bild) und *City of Durban* bauen ließ. Diese vier 13 363 BRT/10 700 tdw-Schiffe mit Einrichtungen für 107 Passagiere in der ersten Klasse waren die ersten Nachkriegs-Passagierschiffsneubauten für Ellerman und die ersten Motorschiffe der Gruppe. Zusammen mit ihren Schwestern bediente die *City of York* die Linie London, Las Palmas, Kapstadt, Port Elizabeth, East London, Durban, Lourenco Marques nach Beira und zurück. Mit der Abfahrt am 4. Juni 1971 von Cape Town nach London beendete die *City of York* den Ellerman-Passagierdienst nach und von Südafrika. Sie wurde an Michail

Karageorgis verkauft, der sie zum Passagierschiff *Mediterranean Sky* umbauen ließ. Als solches war das Schiff (760 Passagiere) 1999 noch in Fahrt. Alexander Stephen & Son in Linthouse baute 1957 das 18 Knoten schnelle Frachtmotorschiff *City of Melbourne* mit 9914 BRT/12 300 tdw für Ellerman & Bucknall. Es besaß mit 610 450 Kubikfuß Rauminhalt plus 168 185 Kubikfuß Kühlraum viel Stauraum, dazu teilweise zwei Zwischendecks und umfangreiches Ladegeschirr. Der Schnellfrachter kam im Australien-Dienst zum Einsatz, bis er auf dieser Linie 1968 von Kühlcontainerschiffen abgelöst wurde. Als *City of Cape Town* kam das Schiff nun im Liniendienst nach Südafrika zum Einsatz. 1978 kaufte die Atlantic Gold Shipping Ltd. Pte. in Singapur den Frachter, nannte ihn *Ota Gold* und setzte ihn noch ein knappes Jahr in der Trampfahrt ein. Am 22. Mai 1979 machte die *Ota Gold* in Kaohsiung fest, wo sie anschließend abgebrochen wurde. *Foto: FotoFlite incorporating Skyfotos*

Brasil und **Brasilia**

Die erste *Brasil* wurde 1935 als zweite Einheit eines 21 Schiffe umfassenden Flottenerweiterungsprogramms der schwedischon A/B Nordstjernan in Dienst gestellt. Das erste Quartett kostete noch 2,8 Millionen SKr pro Stück, die letzten in den 40er Jahren gelieferten Schiffe kosteten bereits zwischen 6,5 und 7 Millionen SKr. Die ersten neun Schiffe trugen rund 7000 tdw, die letzten vier schon 7900 tdw. Obwohl zwischen dem ersten und dem letzten Schiff beträchtliche konstruktive und technische Unterschiede bestanden, entstand äußerlich der Eindruck einer baugleichen Serie. Alle Schiffe erhielten umfangreiche Kühlräume, 15 Fünf-Tonnen-Bäume und je einen Schwerbaum für 10 bzw. 20 Tonnen. Die Unterkünfte waren für 45 Mann ausgelegt. Die ersten neun Schiffe hatten Einrichtungen für 12, die übrigen für 24 Passagiere. Alle Schiffe fuhren im Liniendienst der Johnson Line nach Zentral- und Südamerika. Nachdem die erste *Brasil* 1941 einer Minenexplosion zum Opfer fiel, erhielt das zehnte Schiff dieser Klasse 1943 wiederum

den Namen *Brasil.* Es erlitt 1948 vor Hanstholm in einem Sturm einen Minentreffer, konnte Göteborg aber mit eigener Kraft erreichen. 1966 kippte das Schiff im Dock der Stockholmer Finnboda-Werft um. Es wurde 1971 für 260 000 Dollar nach Panama verkauft und 1976 verschrottet.

Die sieben 10 000-Tonner der *Rio*-Klasse wurden von der Johnson-Line speziell für den Liniendienst vom Kontinent zum Rio Plata konzipiert. Alle sieben baute die Lindholmen-Werft in Göteborg, und alle kosteten, weil als Serie geordert, jeweils 17,6 Millionen SKr. Als Antriebsanlage erhielten sie je vier 12-Zylinder-Motoren, von denen je zwei auf einen Propeller wirkten. Alle sieben Schiffe wurden 1968/69 verlängert und zu Semicontainerschiffen umgebaut. Das Foto zeigt den eleganten Frachter nach dem Umbau. Die *Brasilia* kam 1960 als vorletzte Einheit dieser Serie in Fahrt und wurde 1983 für 425 000 Dollar nach Gibraltar verkauft. *Foto: FotoFlite incorporating Skyfotos*

Idefjord und **Drammensfjord**
Die Zeit zwischen 1905 und dem Ausbruch des Ersten Weltkrieges gehört zur geschäftigsten und expansivsten Phase norwegischer Schiffahrt. In weniger als einem Jahrzehnt entstanden Liniendienste von Norwegen in alle Welt. 1910 wurde die Den Norske Amerikalinje gegründet, die Liniendienste von Skandinavien und kontinentalen Plätzen zur Ostküste Nordamerikas und dem US-Golf errichtete. Canadian Vickers Ltd. in Montreal baute 1921 die Schwesterschiffe *Idefjord* und *Topdalsfjord* für den Amerika-Dienst der NAL. Die 4287 BRT / 6300 tdw große *Idefjord* wurde 1959 an Egil Alnæs verkauft, der den Frachter als *Ilafjord* aber nur noch ein Jahr betrieb. Das Schwesterschiff *Topdalsfjord* wurde 1955 in Hamburg abgebrochen. *Foto: FotoFlite incorporating Skyfotos*

Die *Drammensfjord,* dritte Trägerin dieses Namens bei NAL, wurde 1955 von Lindholmens Varv AB in Göteborg für NAL gebaut. Das 2812 BRT große Schiff mit 6400 Tonnen Tragfähigkeit fuhr 19 Jahre lang zwischen Europa und Nordamerika und wurde 1974 als *Pistis* verkauft. Obwohl ihr Ende nicht ganz klar ist, scheint es wahrscheinlich, daß sie wie ihr Schwesterschiff *Tanafjord* 1979 in Kaohsiung abgebrochen wurde. Die *Tanafjord* ging an die gleichen Käufer wie *Drammensfjord* und hieß dann *Elpis. Foto: FotoFlite incorporating Skyfotos*

Fresenburg

1950 nahm die ehemals Flensburger, seit 1933 in Hamburg ansässige Reederei H. Schuldt ihre Ozean-Linie wieder auf, die kontinentale mit Häfen im US-Golf, Mexiko und anderen zentralamerikanischen Plätzen verband. Seit der Jahrhundertwende fuhren Schuldtdampfer in diesem Fahrtgebiet, eine reguläre Linie wurde es jedoch erst nach dem Ersten Weltkrieg. Als Ersatz für die ersten vier Dampfer des *Potsdam*-Typs der Baujahre 1951/52 lieferten die Kieler Howaldtswerke 1960/61 die Schwesterschiffe *Fresenburg* und *Ratzeburg*, die als Volldecker jeweils 5667 Tonnen laden konnten sowie über einen Schwergutbaum von 50 Tonnen und Kühlraum mit 10 000 Kubikfuß Inhalt verfügten. Für die US-Golf-Fahrt wurden die Schiffe schnell zu klein, und sie wechselten zur Deutschen Nah-Ost-Linie, in der H. Schuldt fast 50 Jahre lang bis 1985 Partner war. Im November 1978 kaufte eine von der Hamburger Reederei H. Peters geführte Partenreederei die *Fresenburg*, die jedoch für zwei Jahre von H. Schuldt in Rückcharter genommen wurde und daher ihren Namen nicht änderte. 1982 verkaufte H. Peters das Schiff nach China. Es hieß zunächst *Pan Long* und seit 1989 *Sin Niu Shan*. Das Schiff überstand am 7. Juni 1991 eine schwere Kollision bei Nagoye und wurde 1999 noch in Lloyd's Register geführt.

Svanefjell

1962 lieferten die Kieler Howaldtswerke den 5556 tdw-Motorfrachter *Svanefjell* an die A/S Dovrefjell und A/S Falkefjell, einer von der norwegischen Reederei Olsen & Uglestad geführten Eigentumsgesellschaft. Der Linienfrachter *Svanefjell* wurde im Rahmen der Fjell-Oranje-Linie partnerschaftlich mit der niederländischen Reederei Anthony Veder zwischen Europa und den Großen Seen von Nordamerika beschäftigt. Mit der Eröffnung des Seeweges 1959 konnten nun auch Schiffe bis etwa 15 000 tdw die Großen Seen erreichen.

Höegh Dene

Im Alter von 31 Jahren gründete der norwegische Schiffahrtskaufmann Leif Höegh 1927 seine eigene Reederei, die sich zunächst nur mit Tankern befaßte. 1936 stieg er als Partner in die Silver-Java Pacific Line ein, die den Persischen Golf mit der Westküste der USA verband und Südostasien mit einschloß. Tanker und die Linienfahrt bildeten bis in die Neuzeit die Hauptbetätigungsfelder. Inzwischen lösten Massengut- und Autotransporte die an Egon Oldendorff verkaufte Linienfahrt ab. Für den Pazifik-Liniendienst bauten die Kieler Howaldtswerke 1959 den 9870 BRT / 12 886 tdw-Linienfrachter *Höegh Dene* für eine Eigentumsgesellschaft, die von Leif Höegh geführt wurde. Nach ziemlich genau 20jährigem Einsatz erwarben panamaische Käufer den Frachter und nannten ihn *Pulau Nias*. Am 13. Februar 1984 erreichte der 16,5 Knoten schnelle Frachter Kaohsiung zum Abbruch.

Höegh Aiglonne

1948 nahm Leif Höegh mit zwei 3000-Tonnern den Liniendienst vom Kontinent nach Westafrika auf. Mitte der 60er Jahre beschäftigte die Reederei 15 Schiffe in dieser Fahrt, darunter die 4534 BRT / 6080 tdw große *Höegh Aiglonne*, 1953 im belgischen Tamise gebaut. Auf dem Bild sind die Seitenverstärkungen gut zu erkennen. Die Rümpfe der Westafrika-Fahrer wurden nämlich durch den Außenbordumschlag, vor allem von nordwärts geladenen Logs, den schweren Edelholz-Baumstämmen, besonders beansprucht. Die *Höegh Aiglonne* besaß nur im Raum 3 ein Zwischendeck, der vordere Bereich war als Eindecker ausgelegt. Gekostet hat die *Höegh Aiglonne* 11,4 Millionen NOK, bei ihrem Verkauf nach Hongkong 1968 erzielte sie noch 4534 Millionen NOK. In den letzten neun Jahren Fahrtzeit bis zum Abbruch in Gadani Beach, wo sie am vorletzten Tag des Jahres 1981 ankam, erlebte der Frachter noch fünf Eigner- und Namenswechsel in *Happy Dragon, Mononyx, Santa Cruz, Fast Dolphin II* und *Mata.*

Nopal Star

Norwegische Reeder zählten zu den wichtigsten Kunden der Kieler Howaldtswerke, die 1961 auch das Frachtmotorschiff *Nopal Star* an die A/S Sobral in Oslo lieferten. Diese setzten das mit 4355/7551 BRT vermessene Wechselschiff im Rahmen ihrer Nopal-Line zwischen Nord- und Südamerika ein. Das Schiff wurde als Volldecker mit langer Back und Poop sowie zwei durchlaufenden Decks gebaut. Der fünfte Laderaum erhielt im Zwischendeck und im Unterraum zwei Kühlladeräume. Im Raum 3 und im Raum 4 neben dem Wellentunnel wurden Süßöltanks angeordnet. Die Ladeluken auf dem Wetterdeck erhielten Von-Tell-Patentlukendeckel, während die Zwischendeckluken als Glattdeckluken mit rollenden Schiebebalken, Holzdeckeln und Persenningen ausgebildet wurden, wobei die des Laderaumes Nr. 5 mit isolierten Holzdeckeln für Kühlladung versehen wurden.

Etha Rickmers
Aus einem 1834 gegründeten, handwerklichen Werftbetrieb des gebürtigen Helgoländers Rickmer Rickmers entwickelte sich einer der interessantesten deutschen Werftbetriebe, der leider 1986 seine Pforten schließen mußte, und eine bedeutende Reederei. Die damals noch weitgehend in Familienbesitz befindliche Rickmers-Linie übernahm 1959 von der eigenen Werft den 8405 BRT/11 515 tdw-Linienfrachter *Etha Rickmers,* dessen Brücke weit nach vorn gezogen war, um viel Decksfläche im Bereich der Luken 3 und 4 für Schwergutladung zu schaffen. Mit der *Etha Rickmers* erhielt die Reederei ihr erstes Schiff mit Schwergutbaum. Die folgende, ähnliche *Peter Rickmers* erhielt sogar zwei an je einem Pfostenpaar getakelte Schwergutbäume, die zusammen 260 Tonnen heben konnten. Schon 1964 verkaufte die Rickmers-Linie die *Etha Rickmers* dorthin, wohin sie noch heute als Hapag-Lloyd-Tochter fährt, nach China. Von 1964 fuhr sie unter wechselnden Flaggen, aber immer als *You Hao* für chinesische Eigner. Die Familientradition wird heute von Bertram und Erck Rickmers fortgeführt. Das kleine Bild zeigt den Rumpf nach dem Stapellauf beim Verlassen des windungsreichen kleinen Weser-Nebenflusses Geeste.

Uhenfels

Der 9525 BRT-Frachter *Uhenfels* der 1977 in Konkurs gegangenen Bremer Linienreederei DDG „Hansa" war ein ganz normaler Linienfrachter mit „nur" einem 50-Tonnen-Schwergutbaum, als er 1959 von der AG „Weser" abgeliefert wurde. Wie alle „Hansa"-Frachter kam er im Liniendienst zwischen kontinentalen Häfen und dem Persischen Golf sowie Indien/Pakistan zum Einsatz. Im Winter 1967/68 baute Blohm & Voß in Hamburg die *Uhenfels* zum damals leistungsfähigsten Schwergutfrachter der Welt um. Er erhielt zwei Stülcken-Schwergutbäume à 275 Tonnen, von denen einer durchschwenkbar ist und die gekoppelt 550 Tonnen heben können. Zur Verbesserung der Stabilität bei der Übernahme solch enormer Lasten wurde das Schiff durch Aufsetzen von Seitentanks um 3,6 m von 18,6 auf 22,2 m verbreitert. Nach dem Konkurs der DDG „Hansa" kaufte die Sea Traders SA des griechischen Reeders S. Daifas den Frachter, wie viele weitere „Hansa"-Schiffe auch. Die Namen wurden dabei kaum verändert, aus *Fels* wurde jeweils *Bels*. Die Griechen versuchten, vom guten Ruf der Bremer als Schwergutfachleute zu profitieren. 1985 zerlegten Schneidbrenner den Spezialfrachter.

Lichtenfels

Als H. C. Stülcken Sohn in Hamburg 1955 den Linienfrachter *Lichtenfels* an die Bremer DDG „Hansa" ablieferte, erregte das 6800 BRT große Schiff ob seiner eigenwilligen Anordnung von Brücke ganz vorn und Maschine achtern sowie mit dem hochaufragenden, sich nach außen neigenden und freistehenden Schwergutpfosten weltweit Aufsehen. Weitere sieben Schiffe dieses Typs folgten, sie gingen als „Picasso-Liner" in die Schiffahrtsgeschichte ein. Bei den Seeleuten waren sie nicht beliebt, nur das Schwergutgeschirr war modern, alles andere „old fashioned" einschließlich der Holzlukendeckel. Die Schiffe rollten und stampften bei grober See beträchtlich, was ganz vorn und ganz achtern in den Aufbauten besonders störend empfunden wurde. Schon 1972 kaufte S. Daifas die *Lichtenfels*, die er als *Silver Dawn* bis zu ihrem Abbruch 1979 auf Taiwan betrieb. Der vordere Baum konnte 120, der achtere 30 Tonnen heben, koppelbar waren sie auf der *Lichtenfels* nicht. *Foto: FotoFlite incorporating Skyfotos*

Cap Finisterre

Die seit 1948 zur August Oetker-Gruppe gehörende Hamburg-Südamerikanische Dampfschifffahrtsgesellschaft Eggert & Amsinck wurde 1869 auf Initiative des Hamburger Schiffsmaklers Aug. Bolten, Wm. Miller's Nachf. gegründet. Ihr Zweck, Betrieb einer deutschen Linienverbindung zur Ostküste Südamerikas, hat noch heute Gültigkeit, inzwischen sind weitere Linienfelder und weitere Schiffahrtsaufgaben hinzugekommen. Im Fünf-Wochenabstand lieferten die Howaldtswerke Hamburg AG im April und Mai 1956 die beiden Linienfrachter *Cap Ortegal* und *Cap Finisterre* (Foto) an die Hamburg-Süd ab. Die Schiffe besaßen Einrichtungen für 44 Mann Besatzung und 12 Passagiere sowie Kühleinrichtungen und umfangreiches Ladegeschirr – in Südamerika mangelte es an effizienter Hafenstruktur. Bis 1962 fuhren die beiden 8984 BRT-Schiffe zwischen Europa und der Ostküste Südamerikas, dann wechselten sie in den Liniendienst der Columbus-Linie(n), die mit verschiedenen Routen Nordamerika mit Australien und Neuseeland verbinden. 1972 kaufte der griechische Reeder Nicos Vernicos-Eugenides die *Cap Finesterre* und brachte sie als *Penelope II* unter die Flagge Liberias. Drei Jahre zuvor hatte er bereits das Schwesterschiff *Cap Ortegal* erworben, das die Hamburg-Süd aber noch in zweijährige Rückcharter genommen hatte. Sie wurde 1987, die jüngere Schwester schon 1985 abgebrochen.

Malaga

Als ihr größtes Schiff übernahm die vornehmlich in der innernorwegischen Linienfahrt einschließlich der legendären Hurtigruten engagierte Reederei Det Nordenfjelske Dampskibselskab in Trondheim 1958 von den Emder Rheinstahl Nordseewerken den 9161 BRT großen Motorfrachter *Rolv Jarl.* Er wurde in norwegischer Charter in eine kombinierte Kontrakt- und Linienfahrt von der Westküste Kanadas und den USA nach Europa beschäftigt, aber schon 1965 verkauft. Als *Heering Mille, Malaga, Uliang* und *New Ruby* fuhr das Schiff bis zu seinem Abbruch 1969. Als es im November 1969 von Urbain Ureel auf der Seine abgelichtet wurde, fuhr der 13 065-Tonner als *Malaga* in Charter der französischen Linienreederei Chargeurs Reunis.

Bodrum

Insgesamt vier Schiffe lieferte die Seebeckwerft der AG „Weser" 1957/58 und 1961/62 an die türkische Linienreederei Koctug Denizcilik Isletmesi in Istanbul. Als drittes Schiff lieferte die Werft am 24. März 1961 die hier abgebildete *Bodrum,* die wie ihre Schwestern im Türkei-Nordeuropa-Dienst ihrer Reederei beschäftigt war, auch noch 1999! Die *Bodrum* ist ein Zweideckschiff mit kurzer Back, das als Volldecker mit 4378 BRT vermessen wurde. Nach der Neuvermessung 1995 änderte sich die Größenangabe in 4164 BRZ, die Trag-fähigkeit beläuft sich unverändert auf 6270 Tonnen. Zwei MAN-Diesel-motoren mit je 1890 PS (1390 kW) arbeiten über ein Getriebe auf eine Welle und ermöglichen 14 Knoten Dienstgeschwindigkeit. Lloyd's Register führt den Frachter zwar noch in seiner Ausgabe 1999/2000, weist jedoch auf die im November 1998 abgelaufene Klasse hin. Dies deutet darauf hin, daß die *Bodrum* aufgelegt wurde.

Westfalen

Otto Stinnes, drittältester Sohn des Großindustriellen Hugo Stinnes, führte nach dem Zweiten Weltkrieg mit seiner Mutter Cläre die Familientradition fort. Durch Enteignung des Konzerns durch die USA nach dem Zweiten Weltkrieg war das einstige Imperium zusammengeschrumpft. Dazu gehörten vielfältige Schiffahrtsinteressen. 1950 gründete Otto Stinnes seine eigene Firma unter seinem Namen, die 1956 das 12 035 tdw-Frachtmotorschiff *Westfalen* und 1959 den 17 014 tdw-Massengutfrachter *Mülheim-Ruhr* übernahm. Die *Westfalen* war zwar für den eigenen Liniendienst zum US-Golf und nach Mexiko konzipiert, sie fuhr aber auch in der Trampfahrt bzw. in Charter anderer Linienreederei, z. B. in die Großen Seen, wie auf dem Bild. Die Gästefahrt der *Westfalen* am 18. Juli 1956 bei strahlendem Wetter von Hamburg nach Helgoland machten, einer Vorkriegstradition folgend, zahlreiche Mitarbeiter verschiedener Stinnes-Betriebe mit. Das Schiff wurde 1972 nach Liberia verkauft, und es geriet am 15. September 1975 als nun von dem Reeder Klaus Oldendorff kontrollierte *Northern Breeze* auf der Reise von Houston zur Westküste Südamerikas etwa 50 Seemeilen nordwestlich von Valparaiso auf Grund und brach später auseinander.

Julius Hugo Stinnes

Der zweite Sohn von Hugo Stinnes, Hugo Stinnes jr., wandte sich mit seiner Hugo Stinnes Transozean Schiffahrt GmbH seit 1956 vermehrt der Linienfahrt vom Kontinent nach Westafrika zu. Beim Zusammenbruch 1971 war es das einzige Betätigungsfeld. Für diese Linienfahrt baute und kaufte Hugo Stinnes jr. eine Reihe von ähnlichen Frachtern der 4000/5000 tdw-Klasse. Die *Julius Hugo Stinnes* (2990 BRT/4536 tdw) wurde von den damals noch ihm gehörenden Bremer Atlas-Werken als *Mylady* an die niederländische D. Lijnzaard NV Transport & Handelsmaatschappij geliefert, an der Hugo Stinnes jr. zur Hälfte beteiligt war. 1966 übernahm er auch die zweite Hälfte am Schiff und brachte es als *Julius Hugo Stinnes* unter deutsche Flagge. Es erlebte das Ende der Reederei mit und wurde am 8. Juni 1971 an die Jonas Shipping Co. in Monrovia zwangsversteigert und hieß dann zunächst *Arras*. Es folgten diverse Eigner- und Namenswechsel, bis es 1995 als griechische *Petrola 30* im türkischen Aliaga abgebrochen wurde. *Foto: FotoFlite incorporating Skyfotos*

Giessenkerk

Als ihren ersten Frachter mit moderner Linienführung übernahm die NV Vereenigde Nederlandsche Scheepvaart Maatschappij (VNS) in Den Haag am 2. Juni 1956 von der Schiffswerf C. van der Giessen & Zonen in Krimpen an der Ijssel den 8329 BRT / 10 962 tdw-Motorfrachter *Giessenkerk*, dem im Laufe der Jahre weitere, sehr ähnliche Neubauten folgten. Die Frachter mit umfangreichem Ladegeschirr und Einrichtungen für 12 Passagiere kamen auf den Linien zum Persischen Golf, Indien/Pakistan, Ostasien sowie nach Bengalen/Burma zum Einsatz. 1970 fusionierte die VNS zusammen mit anderen niederländischen Reedereien zur Koninklijke Nedlloyd BV. Am Einsatzgebiet, der Schornsteinmarke (die übernommen wurde) und dem Namen änderte sich nichts. Erst 1978 begann der Nedlloyd mit der Vereinheitlichung der Namen durch den Vorsatz *Nedlloyd*. Die *Giessenkerk* wurde bereits 1976 nach Panama verkauft. Nach einjährigem Einsatz als *Mercury River* in der Trampfahrt wechselte sie 1977 mit dem Verkauf an die Pacific International Lines (Pte.) Ltd., Singapur, als *Kota Serajah* wieder in die Linienfahrt. Anfang 1983 erfolgte in Gadani Beach der Abbruch.

Finntrader

Unter Führung des staatseigenen Konsortiums Enso-Gutzeit Oy, dem führenden finnischen Papierhersteller, wurde 1947 die Reederei Merivienti Oy gegründet, aus der 1954 die Finnlines Oy entstanden, die dann auch die Bereederung und den Aufbau eines Liniennetzes, gestützt auf konzerneigene Verschiffungen, übernahm. Die hier abgebildete *Finntrader* kam am 30. Januar 1954 noch für die Merivienti in Fahrt und wurde von der Oy Baltic Chartering AB in Turku bereedert. Sie war das neunte Schiff und der erste Neubau der Reederei. Ab 1955 eröffneten Finnlines Frachtlinien nach Großbritannien, zum Kontinent, in die USA, ins Mittelmeer und später nach Mittelost. 1962 eröffneten Finnlines den Auto- und Passagierfährdienst von Travemünde nach Finnland, für den 1977 das damals schnellste und immer noch längste Fährschiff der Welt, die *Finnjet*, gebaut wurde. Die 4022 BRT große und 6435 Tonnen tragende *Finntrader* kam zunächst in der Kontraktfahrt, dann im Liniendienst in die USA und ab 1969 bis zum Verkauf an Schweizer Interessenten im Oktober 1970 im Mittelmeerdienst zum Einsatz. Als *Triton Ambassador, Sovereign Sapphire, Pygmalion Jupiter, Equus* und *Puerto de Vita* fuhr das bei der Scheepswerf „De Hoop" in Lobith am Rhein gebaute Schiff bis zu seinem Abbruch 1988 in Mamonal/Kolumbien.

Finska-Flotte
Gleich vier Frachter der finnischen Linienreederei Finska Ångfartygs AB liegen hier im April 1962 im Bremer Überseehafen: *Vikla* (1445 BRT), *Argo, Astrea* und *Polaris.* Die *Vikla* war zu jenem Zeitpunkt erst wenige Monate alt und repräsentierte den modernsten und auch letzten Vertreter konventioneller Linienfrachter Finnlands für den Kontinentdienst. Danach fand eine Strukturänderung statt, und in Fahrt kamen nur noch große Papierfrachter bzw. Roll on/Roll off-Fähren. Zwei Details sind erwähnenswert, außenbords der *Vikla* hingen zwei sogenannte „Schietbüdel" mit Bordabfall, der damals auf dem Meer durch Lösen des Netzes „entsorgt" wurde. An den aufgetoppten Kränen hängen Persenninge, Regenzelte hatte der mit schnell zu schließenden MacGregorluken ausgestattete Frachter nicht mehr nötig. Die *Argo* hatte zum Zeitpunkt der Aufnahme ihr Lebensende fast erreicht. Sie war am 2. März 1921 von P. Smit jr. in Rotterdam an die finnische Dampfschiffahrtsgesellschaft abgeliefert worden und hatte all die Jahre in der Linienfahrt zwischen Finnland und deutschen, niederländischen, belgischen und britischen Häfen verbracht. Am 19. Juli 1963 beendete sie ihre letzte Reise in Kotka und verholte anschließend zum Abbruch nach Helsinki. *Polaris* und *Astrea* wurden im Februar bzw. Juli 1956 von der kleinen niederländischen Scheepswerf de Haan & Oerlemanns in Heusden fertiggestellt. Mit ihrer Anordnung der Aufbauten zwischen den Luken 3 und 4 blieben sie die einzigen Vertreter dieses Typs in der Finska-Flotte. Beide wurden – im Abstand von vier Monaten – 1973 nach Triest zum Einsatz in der Linienfahrt zwischen der Adria und Afrika verkauft. Dort bewährten sie sich jedoch nicht.

Kalahari

1959 lieferte die Deutsche Werft AG in Hamburg-Finkenwerder an die seit 1941 vom damaligen Reichskommissar für Seeschiffahrt im Dritten Reich übernommenen Deutschen Afrika Linien das 6406/8562 BRT-Wechselschiff *Kalahari* ab. Die DAL Deutsche Afrika Linien GmbH & Co. setzten den wahlweise 8495 oder exakt 11 000 Tonnen tragenden 17,5-Knoten-Frachter zusammen mit der Schwester *Karoo* im Liniendienst der Deutschen Ostafrika Linien nach Südafrika ein. Am 12. Juni 1971 übernahm die zur Colocotronis-Gruppe gehörende Valiente Panoceanica SA in Piräus das Schiff, dessen Name sich nicht änderte, da die DAL den mit speziellem Schüttgut-, Kühlraum und Süßöltanks ausgestatteten Frachter langfristig in Rückcharter nahm. Erst nach Charterende 1978 bekam das Schiff den neuen Namen *Zircon*. Später bekam es noch die Namen *Zea Beach*, *Man Po* und *Jon Chen*, war zeitweilig nicht mehr in Lloyd's Register of Shipping verzeichnet, wurde jedoch erst 1991 nach 32jähriger Fahrtzeit in Indien verschrottet.

Karonga

1965 kaufte die Reederei John T. Essberger GmbH & Co. in Hamburg vom schwedischen Reeder Erik O. Brodin dessen Schwesterschiffe *Lisa Brodin* und *Lena Christina Brodin*, um sie als *Karonga* und *Kariba* in Charter der Woermann-Linie in deren Westafrikadienst einzusetzen. Die beiden 4998/8614 BRT–8562/10 820 tdw-Wechselschiffe waren als reine Linienfrachter erst fünf Jahre zuvor von der Øresundsvarvet A/B in Landskrona gebaut worden. Die *Karonga* wurde 1965 zum Ausbildungsschiff umgebaut und 1969 mit 5307/7672 BRT neu vermessen. Im September 1973 übernahm eine den Ofer Bros. aus Haifa gehörende Singapur-Gesellschaft die *Karonga*, deren Name bis zum havariebedingten Ende der Rückcharter am 5. Juli 1975 bestehen blieb. Als griechische *Atromitos* fuhr der Frachter bis 1977, wurde dann in Piräus aufgelegt und erst 1982 abgebrochen. Die *Kariba* fuhr noch vier Jahre länger. *Foto: FotoFlite incorporating Skyfotos*

Kai Maru

1966 lieferte die Mitsubishi-Werft in Kobobe den 11 928 BRT-Linienfrachter *Kai Maru* an Japans größte Linienreederei Nippon Yusen Kaisha ab. Der maximal 25 Knoten für damalige Zeiten ungewöhnlich schnelle Frachter kam in den Liniendienst nach Europa – die Aufnahme entstand 1974 in Hamburg – oder in die USA zum Einsatz. 1979 wurde er zum reinen Containerschiff umgebaut und 1984 verkauft, um einer neuen *Kai Maru* Platz zu machen. NYK ist eine Tochterfirma des 1870 als Transportfirma gegründeten Mitsubishi-Konzerns, zu dem bis 1917 bedeutende Versicherungs-, Warenhandels-, Lagerei-, Bank-, Handelsgeschäfte und Werftindustrie gehörten. Die Reederei Nippon Yusen Kaisha nahm am 1. Oktober 1885 ihre Geschäfte auf.

Yamashiro Maru

Als Mitsubishi-Tochterunternehmen ließ Nippon Yusen Kaisha fast alle Schiffe bei den verschiedenen konzerneigenen Werften bauen. Sie liefen mit der in Japan üblichen Stapellaufzeremonie von Stapel, bei der bunte Papierschlangen, Luftballons und Kostüme die im Schiff vermuteten bösen Geister vertreiben sollten. Das Bild zeigt den Stapellauf der *Yamashiro Maru*, die am 20. August 1963 im Betrieb Nagasaki der Mitsubishi-Werften vom Stapel lief. Das 10 476 BRT große und 22,5 Knoten schnelle Schiff kam im Europa-Dienst der NYK zum Einsatz. 1973 erlitt es während der Liegezeit in Lattakia erhebliche Feuerschäden, die jedoch repariert wurden. 1975 übernahm ein griechischer Reeder den Frachter als *Kyra*. Typisch für NYK-Frachter jener Zeit sind die durch eine Traverse verbundenen Pfostenpaare, an denen automatisiertes Ladegeschirr getakelt wurde.

Namensregister *(abgebildete Schiffe sind halbfett gedruckt)*

Quellen

Dag Bakka jr.: *Höegh, Shipping through Cykles*, Leif Höegh & Co. AS, 1997

G. J. de Boer: *125 Jaar Holland-Amerika-Lijn*, Uitgiverij de Alk BV, Alkmaar 1998

G. J. de Boer und A. J. J. Mulder: *Nedlloyd – 25 Jaar Maritiem*, Uitgiverij de Alk B.V., Alkmaar 1995

James Cooper, Arnold Kludas und Joachim Pein: *The Hamburg Southamerican Line*, World Ship Society, Kendal 1989

Michael Crowdy und Bard Kolltveit: *Wilh. Wilhelmsen 1861–1894*, World Ship Society, Kendal 1994

Gert Uwe Detlefsen: *50 Jahre Hanseatische Reederei Emil Offen & Co.*, Verlag Karl-Heinz Butziger, Hamburg 1976

Gert Uwe Detlefsen: *Deutsche Reedereien Band 7*, Verlag Gert Uwe Detlefsen, Bad Segeberg 1997

Gert Uwe Detlefsen: *Deutsche Reedereien Band 8*, Verlag Gert Uwe Detlefsen, Bad Segeberg 1998

Gert Uwe Detlefsen: *Die Stinnes-Reedereien*, Verlag Gert Uwe Detlefsen, Bad Segeberg 1998

Gert Uwe Detlefsen und Friedrich-Wilhelm Kunze: *Horn-Linie, die Chronik einer traditionsreichen Reederei*, DF Verlag für maritime Spezialitäten, Hamburg/Bad Segeberg, als Privatdruck für die Horn-Linie Hamburg, 1990

Duncan Haws: *Merchant Fleets # 27: Thos. & Jno. Brocklebank*, Duncan Haw, East Sussex 1994

Arnold Kludas: *Die Seeschiffe des Norddeutschen Lloyd 1857–1919*, Koehler-Verlag, Herford 1991

Arnold Kludas: *Die Seeschiffe des Norddeutschen Lloyd 1920–1970*, Koehler-Verlag, Herford 1992

Arnold Kludas: *Hapag-Lloyd – die ersten 25 Jahre*, Verlag Gert Uwe Detlefsen, Bad Segeberg 1994

Arnold Kludas und Herbert Bischoff: *Die Schiffe der Hamburg-Amerika-Linie 1847 bis 1970*, in drei Bänden, Koehler-Verlag, Herford 1980/81

L. L. von Münching: *Koniklijke Hollandsche Lloyd, wel en wee van een Amsterdamse Rederij*, Uitgiverij de Alk BV, Alkmaar 1990

Björn Pedersen und F. W. Hawks: *Norwegian America Line 1910–1995*, World Ship Society, Kendal 1995

Matti Pietikäinen: *The Finnlines Fleet 1947–1997, 50 Years at your service*, Finnlines Ltd., Helsinki 1998

Matti Pietikäinen und Bengt Sjoström: *The Ships of our First Century, The Effoa Fleet 1883–1983*, Finska Ångfartygs AB, Helsinki 1983

Thorsten Rinman: *The Johnson Line 1890–1990*, Rinman & Lindén AB, Göteborg, for Johnson-Line, 1990

Reinhart Schmelzkopf: *Deutsch-Australische Dampfschiffs-Gesellschaft Hamburg 1888–1926*, Strandgut-Publikation, Cuxhaven 1984

Reinhart Schmelzkopf: *Die Deutsche Levante-Linie 1890–1967*, in zwei Bänden, Verlag Karl-Heinz Butziger, Hamburg 1984 und 1987

Eberhard Stötzner: *Die Schiffe der Reedereien Deutsche Afrika-Linien und John T. Essberger*, Koehlers Verlagsgesellschaft mbH, Hamburg 1996

Victor Young: *Merchant Ships of World War II, a Post War Album*, Shipping Books Press, Market Drayton 1996

Informationen über die Bücher von Gert Uwe Detlefsen erhalten Sie bei:
Verlag Gert Uwe Detlefsen
Riihimäkistr. 38a
23795 Bad Segeberg
Fax (0 45 51) 96 87 69